Nachhaltigkeitsmanagement in sächsischen Betrieben

Schriften des Instituts für Betriebswirtschaft der Westsächsischen Hochschule Zwickau

Herausgegeben von Uta Kirschten

Band 1

Uta Kirschten (Hrsg.)

Nachhaltigkeitsmanagement in sächsischen Betrieben

PETER LANG

Bibliografische Information der Deutschen Nationalbibliothek
Die Deutsche Nationalbibliothek verzeichnet diese Publikation in der Deutschen Nationalbibliografie; detaillierte bibliografische Daten sind im Internet über http://dnb.d-nb.de abrufbar.

Die Veröffentlichung erfolgt mit freundlicher Unterstützung von

ISSN 2702-6019
ISBN 978-3-631-83790-0 (Print)
E-ISBN 978-3-631-84454-0 (E-PDF)
E-ISBN 978-3-631-84455-7 (EPUB)
E-ISBN 978-3-631-84456-4 (MOBI)
DOI 10.3726/b17937

Peter Lang – Berlin · Bern · Bruxelles · New York · Oxford · Warszawa · Wien

Diese Publikation wurde begutachtet.

www.peterlang.com

Vorwort

Das Institut für Betriebswirtschaft der Westsächsischen Hochschule Zwickau hat sich für eine Umbenennung dieser Schriftenreihe entschieden. Unter dem Titel „Jahrbuch des Instituts für Betriebswirtschaft der Westsächsischen Hochschule Zwickau“ sind in den vergangenen Jahren die ersten drei Bände erschienen. Um das Spektrum möglicher Veröffentlichungen breiter zu gestalten, hat sich das Institut für Betriebswirtschaft dazu entschieden, den Titel der Schriftenreihe ab dem Jahr 2020 umzubenennen in „Schriften des Instituts für Betriebswirtschaft der Westsächsischen Hochschule Zwickau“. Eröffnet werden die Schriften des Instituts für Betriebswirtschaft der Westsächsischen Hochschule Zwickau mit dem vorliegenden Titel und Thema

„Betriebliches Nachhaltigkeitsmanagement“.

Angesichts vieler ökologischer und sozialer Herausforderungen, wie z.B. dem Klimawandel, der weltweiten Bevölkerungsentwicklung, steigender Umwelt- und Abfallbelastungen, der aktuellen Covid-19-Pandemie sowie weltweit großer soziale Ungleichheiten und Armut steigt die Dringlichkeit der Auseinandersetzung mit einem ökologisch verträglichen und sozial gerechten Wirtschaften. Dabei zählt die nachhaltige Entwicklung von Betrieben, d.h. die ökologisch verträgliche, sozial gerechte und wirtschaftlich leistungsfähige Gestaltung der betrieblichen Tätigkeit zu den zentralen gesellschaftlichen und wirtschaftlichen Herausforderungen unseres Jahrhunderts. Hierfür spielt das betriebliche Nachhaltigkeitsmanagement eine besonders wichtige Rolle, weil die Betriebe mit der Gestaltung ihrer Leistungs- und Produktionsprozesse sowie der angebotenen Produkte und Dienstleistungen darüber entscheiden, welche Ressourcen sie einsetzen, woher die Ressourcen kommen und unter welchen ökologischen und sozialen (un-)verträglichen Bedingungen sie gewonnen werden, aber auch wie umweltbelastend oder umweltverträglich die Produktionsprozesse und die angebotenen Produkte und Dienstleistungen sind. Daher haben gerade die Betriebe eine besondere Verantwortung für die Entwicklung und Umsetzung eines betrieblichen Nachhaltigkeitsmanagements.

Wir beschäftigen uns also mit einem hochaktuellen Thema!

Dieser vierte Band des Jahrbuchs des Instituts für Betriebswirtschaft der Westsächsischen Hochschule Zwickau umfasst konzeptionelle Ansätze und Strategien eines betrieblichen Nachhaltigkeitsmanagements, aber auch spannende Praxisbeispiele zum Nachhaltigkeitsmanagement aus Betrieben und

Branchen, innovative Verkehrskonzepte und einen arbeitsrechtlichen Exkurs. Die einzelnen Artikel werden hier kurz vorgestellt:

Zu den konzeptionellen Beiträgen gehören die folgenden Artikel: *Marlen Gabriele Arnold* beschäftigt sich in ihrem Beitrag mit Konzepten und Realitäten des Nachhaltigkeitsmanagements und von Nachhaltigkeitsinnovationen in sächsischen Betrieben. Neben einer ausführlichen Vorstellung der Entwicklung und wesentlicher Inhalte und Konzepte einer nachhaltigen Entwicklung und eines betrieblichen Nachhaltigkeitsmanagements werden Praxisbeispiele der Umsetzung eines Nachhaltigkeitsmanagements in sächsischen Betrieben vorgestellt. Markus Will und Steve Grundig diskutieren Kristallisationspunkte für eine Nachhaltigkeitsentwicklung in Unternehmen und greifen damit eine interessante konzeptionelle Diskussion auf. *Uta Kirschten* beschäftigt sich mit der Gestaltung und Kompetenzentwicklung nachhaltiger Transformationsprozesse in Betrieben.

Die folgenden Artikel stellen spannende Praxisbeispiele für die Umsetzung eines betrieblichen Nachhaltigkeitsmanagements vor. *Steffen Fischer, Vanessa Buschner und Uta Kirschten* präsentieren die erfolgreiche praktische Umsetzung eines betrieblichen Nachhaltigkeitsmanagements am Beispiel des Unternehmens FISCHER druck&medien aus Leipzig. Das Nachhaltigkeitsmanagement bei der Grammer AG wird von *Jessica Knoll* aufgearbeitet und ausführlich vorgestellt.

Welche Nachhaltigkeitsstrategien verschiedene Branchen verfolgen, thematisieren die folgenden beiden Artikel. *René Schubert* analysiert in seinem Beitrag Strategien eines nachhaltigen Handelns im Finanzsektor. Hierbei werden auch die Auswirkungen der Globalisierung auf nachhaltige Strategien des Finanzsektors berücksichtigt und wesentliche Ergebnisse einer eigenen empirischen Studie zur Nachhaltigkeit in den Finanzsektoren in Ghana, China, Argentinien und Deutschland vorgestellt. *Jessica Knoll* beschäftigt sich in ihrem Beitrag mit den aktuellen Entwicklungen der Elektromobilität und deren Potenzialen für ein nachhaltiges Wirtschaften.

Innovative nachhaltige Verkehrskonzept werden in den folgenden beiden Beiträgen vorgestellt. Jessica Knoll stellt die Umsetzung des Modellprojektes „Muldental in Fahrt“ im Landkreis Leipzig als neues Regionalbuskonzept für das Muldental anschaulich vor. Dies ist ein eindrucksvolles Beispiel für die soziale und ökologische Verbesserung des öffentlichen Personennahverkehrs im ländlichen Raum Leipzigs. *Monique Dorsch* berichtet über die erfolgreiche Wiederbelebung einer alten Eisenbahntrasse in Südtirol.

Der letzte Beitrag thematisiert ein spannendes arbeitsrechtliches Thema. *Joachim Gruber* beschäftigt sich mit der Frage der Mitarbeiterbindung durch nachvertragliche Wettbewerbsverbote.

Die meisten Artikel basieren auf Vorträgen auf dem 11. Zwickauer Forum für Betriebswirtschaft am 12. Juni 2019. Da einige Praxisreferent*innen keine Zeit für die Ausarbeitung ihrer Präsentationen zu schriftlichen Beiträgen hatten, wurden einige der hier erscheinenden Artikel in einer Zusammenarbeit zwischen den Unternehmensvertretern und Studierenden der Westsächsischen Hochschule verfasst. Mein besonderer Dank gilt hier Frau Frau Vanessa Buschner und Frau Jessica Knoll für die Ausarbeitung eines bzw. mehrerer Artikel. Zusätzlich freue ich mich sehr über die Beiträge meiner Kollegin Monique Dorsch und meines Kollegen Joachim Gruber, die dieses 4. Jahrbuch mit spannenden Beiträgen ergänzen.

Sehr herzlich bedanken möchte ich mich bei Frau Jana Ritter, die mit großem Engagement die organisatorische Vorbereitung und Durchführung des 11. Zwickauer Forum für Betriebswirtschaft übernommen hat und sich auch bei der Konferenz tatkräftig um alles gekümmert hat. Ebenso bedanken möchte ich mich bei Herrn Frank Mehlhorn für seine Unterstützung bei der Vorbereitung und Durchführung unseres IfB-Forums sowie bei Stefan Noak und Daniel Stopp für die technische Unterstützung während der Konferenz. Auch die umsichtige Betreuung der Konferenzteilnehmenden durch unsere Studierenden hat wesentlich zum Gelingen der Konferenz beigetragen. Dafür bedanke ich mich sehr herzlich bei Vanessa Buschner, Isabelle Wünscher, Philipp Senftleben, Richard Henke, Serkii Monastyrsk, Alina Andarbekova und Islam Modonov. Bei Frau Jessica Knoll bedanke ich mich nochmals sehr herzlich für die umfangreiche und kompetente Mitarbeit bei der Ausarbeitung mehrerer Artikel sowie bei der Übernahme der Layoutgestaltung dieses Jahrbuches.

Mein besonderer Dank gilt auch der Sparkasse Zwickau, der Bäko Ost e.G., der Volkswagen Sachsen GmbH, der Abels & Kemmner GmbH, sowie dem Mentor e.V. der WHZ, die sowohl das 11. Zwickauer Forum als auch diese Publikation dieses 4. Jahrbuches des Instituts für Betriebswirtschaft der Westsächsischen Hochschule Zwickau finanziell unterstützt haben.

Ich wünsche Ihnen viel Freude beim Lesen!

Inhalt

TEIL D Nachhaltige Verkehrskonzepte

TEIL E Arbeitsrecht

TEIL A Konzeptionelle Beiträge

Marlen Gabriele Arnold

Nachhaltigkeitsmanagement und Nachhaltigkeitsinnovationen – Konzepte und Realitäten in sächsischen Betrieben

1. Einleitung

Eine Entwicklung zur Nachhaltigkeit gewinnt zunehmend an Bedeutung. Die 17 Nachhaltigkeitsziele (SDGs)[1], die europäische Umsetzung der Agenda 2030 der Vereinten Nationen, die 10 Prioritäten der Europäischen Kommission zur Realisierung von Nachhaltigkeitszielen sowie die Deutsche Nachhaltigkeitsstrategie[2] gelten mit steter Aktualisierung seit Jahren für alle gesellschaftlichen Akteure. Nachhaltige Entwicklung gilt ebenso als Leitprinzip des Freistaates Sachsen. „Im Jahr 2013, dem Jahr des 300-jährigen Jubiläums des forstlichen Nachhaltigkeitsbegriffes, hat die Sächsische Staatsregierung die erste Nachhaltigkeitsstrategie für den Freistaat Sachsen als eine Art Kompass für die zukünftige Entwicklung des Landes verabschiedet."[3] Die Nachhaltigkeitsstrategie für den Freistaat Sachsen 2018 umfasst neun Haupthandlungsfelder mit verschiedenen Schwerpunkten, Zielen und Indikatoren sowie ressortübergreifenden Ansätzen. Die Sächsische Staatsregierung stellt sich somit ihrer kommunalen Verantwortung als zentraler Akteur und treibende Kraft zur Realisierung lokaler, nationaler und globaler Nachhaltigkeitsziele.

Die Grundsätze der nachhaltigen Entwicklung adressieren das Gestalten menschlicher Systeme unter Berücksichtigung ökologischer und sozialer Tragfähigkeitsgrenzen (Allianz Sustainable Universities in Österreich 2014: 6). Es ist notwendig, dass die Ökosysteme der Erde in ihrer Assimilation, Pufferung und Regenerationsfähigkeit unversehrt bleiben, um menschliches Leben und Wirtschaften auf Dauer zu ermöglichen. Das beinhaltet auch das Gestalten von sozial und wirtschaftlich widerstandsfähigeren Systemen. Hinzu kommt, dass

1 https://www.bmz.de/de/ministerium/ziele/2030_agenda/17_ziele/index.html, Zugriff 9.9.19.

2 https://www.bundesregierung.de/resource/blob/975292/1559082/a9795692a667605f652981aa9b6cab51/deutsche-nachhaltigkeitsstrategie-aktualisierung-2018-download-bpa-data.pdf?download=1, Zugriff 9.9.19.

3 https://www.nachhaltigkeit.sachsen.de/download/Nachhaltigkeitsstrategie-barrierefrei.pdf, S. 7.

anthropogene Einwirkungen nicht nur schädliche Auswirkungen auf das Ökosystem haben, sondern Umwelthormone, sogenannte endokrine Disruptoren, die menschliche Gesundheit beeinträchtigen und uns Menschen auch dümmer machen.[4] Das hat essentielle Auswirkungen auf innovative und gesellschaftliche Potentiale sowie auf die Möglichkeitenräume, Lösungen für die dringlichen ökologischen und sozialen Herausforderungen zu finden. Wie lässt sich Nachhaltigkeit zielführend in unternehmerische Aktivitäten integrieren – wie kommt die Nachhaltigkeit in Innovationen – und wie ist es um die Nachhaltigkeit in sächsischen Unternehmen bestellt?

2. Auf dem Weg zur Nachhaltigkeit

Die Begriffe und Konzepte Nachhaltigkeit, nachhaltige Entwicklung, Entwicklung zur Nachhaltigkeit sind häufig mehrdeutig. Eine klare und eindeutige Definition von globaler Gültigkeit gibt es nicht – gleichwohl wird Nachhaltigkeit als Teil von Lern- und Verhandlungsprozessen verstanden (Arnold 2017). Die vielfältigen Verständnisse und Definitionen der Nachhaltigkeit zielen sowohl auf Einzelaspekte und in Teilen auch auf eine Integration von ökologischen, sozialen und wirtschaftlichen Aspekten. Gleichwohl haben die vielfältigen Auslegungen und Definitionen von Nachhaltigkeit und Nachhaltiger Entwicklung das Leitbild in Verruf gebracht. Die Beschreibung des BMU, was eine Nachhaltige Entwicklung bedeutet, spiegelt den aktuellen Zeitgeist sehr gut wider: „Nachhaltigkeit bedeutet, mit den Ressourcen zu haushalten. Hier und heute sollten Menschen nicht auf Kosten der Menschen in anderen Regionen der Erde und auf Kosten zukünftiger Generationen leben. Nachhaltigkeit betrifft alle Bereiche unseres Lebens und Wirtschaftens und ist folglich eine Aufgabe der ganzen Gesellschaft. Das Leitbild verlangt nach einer gesellschaftlichen Entwicklung, die ökologisch verträglich, sozial gerecht und wirtschaftlich leistungsfähig ist. Wir verfügen nur über die eine Erde. Es geht darum, diese Erde auf Dauer und für alle unter lebenswerten Bedingungen bewohnbar zu erhalten. Dabei ist vor allem die Umwelt im Nachhaltigkeitskonzept der limitierende Faktor – nicht nur auf nationaler, sondern auch auf internationaler Ebene."[5]

---

4 https://www.focus.de/gesundheit/werden-menschen-duemmer-umwelthormone-eine-gefahr-fuer-das-menschliche-gehirn_id_7847170.html, Zugriff 9.9.19.

5 https://www.bmu.de/themen/nachhaltigkeit-internationales/nachhaltige-entwicklung/was-ist-nachhaltige-entwicklung/, Zugriff 13.9.19.

Es ist davon auszugehen, dass Nachhaltigkeit schon immer eine Rolle spielte (früheste sinngemäße Erwähnung in China 1000 v. Chr. sowie Waldordnungen im Hochmittelalter) – obgleich spricht Vieles für neuzeitliche Wurzeln im Rahmen der Etymologie. Das englische Wort Sustainability stammt von dem lateinischen Wort ‚sustinēre' (aufrechterhalten, fördern, unterstützen, andauern, beschränken; Caradonna 2014) ab.[6] Jon Manwood hielt 1592 erste Ideen zur Waldbewirtschaftung schriftlich fest (*A Brefe Collection of the Lawes of the Forrest* – später erweitert zu *A Treatise and Discourse of the Lawes of the Forrest*). John Evelyn verwendet 1664 in seiner Abhandlung zur Forstwirtschaft das Verb *to sustain* (Nisbet 2013). In den frühen 1970er Jahren gewann dann das Substantiv sustainability an Bedeutung (Caradonna 2014). Im deutschsprachigen Raum wird der Begriff Nachhaltigkeit mit der Abhandlung „Sylvicultura Oeconomica" aus dem Jahr 1713 vom Freiberger Oberberghauptmann Hans Carl von Carlowitz (1645–1714) eingeführt. von Carlowitz schrieb von einer nachhaltigen Forstwirtschaft: in einem Jahr sollte nicht mehr Holz gefällt werden als Bäume nachwachsen können, da sonst die wirtschaftliche Entwicklung des Waldes gefährdet sei. In der Forstwirtschaft des 18. Jh. fand der Begriff Nachhaltigkeit dann rasche Verbreitung durch den Oberlandforstmeister Georg Ludwig Hartig (ab 1811). „Unter Nachhaltigkeit ist das Streben nach Dauer, Stetigkeit und Gleichmaß der Holzerträge zu verstehen." Hartig 1795 (zitiert nach Kurth 1994: 41). Auch in anderen Sprachen ist Nachhaltigkeit bedeutsam, zum Beispiel im Spanischen – dort wird es eng mit den Lebensweisen von indigenen und autochthonen Völkern verbunden.

Der Gedanke des nachhaltigen Wirtschaftens verhaftete im englisch- und deutschsprachigen Raum allerdings Jahrzehnte primär in der Forstwirtschaft, bis er sich ab den 1970er als ökologische, soziale und ökonomische Notwendigkeiten im Leitbild Nachhaltigkeit niederschlug. In dem 1972 veröffentlichten Bericht des Club of Rome *Die Grenzen des Wachstums / The Limits to Growth* wurde das exponentielle ökonomische Wachstum, der Bevölkerungszuwachs und die Limitierung der Ressourcen in den Mittelpunkt gestellt. Die

6 Da mit dem Wort der Nachhaltigkeit bzw. nachhaltiger Entwicklung viele Mythen, Missverständnisse und Unklarheiten verbunden sind sowie Zustände, die auch dysfunktionale Entwicklungen umfassen können, gibt es vielfältige Bestrebungen alternative Begrifflichkeiten für die konzeptionell-theoretisch und normativ ausgerichtete Entwicklung einzuführen: u.a. dauerhafte Entwicklung, zukunftsbeständige Entwicklung, zukunftsverträgliche Entwicklung, durchhaltbare Entwicklung, aufrechterhaltbare Entwicklung oder kapazitätsausgerichtete bzw.-angepasste Entwicklung etc.

zunehmende Entkopplung anthropogener Aktivitäten von Zeit und Raum wird als neue globale Herausforderung erkannt. Im selben Jahr fand die erste United Nations Conference on the Human Environment (UNCHE) in Stockholm statt. Als Ergebnis ging die *Stockholm Declaration* hervor, welche erstmalig internationale Umweltprinzipien und die grenzüberschreitende Zusammenarbeit von 113 Industrie- und Entwicklungsstaaten zu Umwelt und Entwicklung festhielt (United Nations 1972).

Im Anschluss an die Ressourcendiskussion, trat die Bedürfnisdiskussion in den Vordergrund. Der im Jahre 1987 von der World Commission on Environment and Development (WCED) publizierte Bericht *Our Common Future* (auch Brundtland-Bericht) thematisiert auch intra- und intergenerationale Gerechtigkeit: „Humanity has the ability to make development sustainable to ensure that it meets the needs of the present without compromising the ability of future generations to meet their own needs. The concept of sustainable development does imply limits – not absolute limits but limitations imposed by the present state of technology and social organization on environmental resources and by the ability of the biosphere to absorb the effects of human activities. But technology and social organization can be both managed and improved to make way for a new era of economic growth."[7] Ökologie, Gesellschaft, Wirtschaft und Technologie werden im Konzept einer nachhaltigen Entwicklung miteinander verbunden. Diese eher generischen Aussagen führten zu einer bis zur heutigen Zeit andauernden Debatte über Interpretationen und Operationalisierungen. Die Vielzahl an analytischen und konzeptionellen Fragen sowie Kontroversen, die mit Blick auf das Leitbild einer nachhaltigen Entwicklung geführt werden, sind zum einen auf den normativen Charakter (Jörissen 1999) zurückzuführen und zum anderen bedingt durch systemgenerierte Trade-Offs zwischen Ökonomie und Ökologie sowie Sozialem.

Im Ökonomischen wird das Konzept der Nachhaltigen Entwicklung als Austauschverhältnisse der vorhandenen Kapitalarten Sachkapital (Produktionsmittel, Transport, Infrastruktur etc.), Humankapital (vorhandenes Wissen, soziale Institutionen etc.) und Naturkapital (natürliche Umwelt, Tiere, Pflanzen, Rohstoffe etc.)[8] sowie Weitergabe des Gesamtkapitals an zukünftige

---

7 https://sustainabledevelopment.un.org/content/documents/5987our-common-future.pdf, 3./27.

8 Eine andere Differenzierung wäre: 1. Sachkapital, 2. Naturkapital, 3. Kultiviertes Naturkapital (u.a. Lachsfarmen, Landwirtschaftliche Nutzflächen), 4. Sozialkapital (moralisches Orientierungswissen, Institutionen usw.), 5. Humankapital (Fähigkeiten, Bildung) sowie 6. Wissenskapital. https://www.econstor.eu/dspace/bitstream/10419/22095/1/08_2004.pdf, S. 4.

Generationen modelliert. Der theoretische Ursprung der *schwachen Nachhaltigkeit* ist in der neoklassischen Betrachtungsweise zu verorten. Im Vordergrund steht ein anthropozentrisches Weltbild, welches Menschen und der Befriedigung ihrer Bedürfnisse eine privilegierte Rolle einräumt (Hampicke 1992). Naturkapital kann durch andere Kapitalformen substituiert werden – gleichwohl soll das Gesamtkapital erhalten werden (Nutzinger/Radke 1995, Corsten/Roth 2012). Die *starke Nachhaltigkeit* geht von einer weitgehenden Komplementarität zwischen Natur- und Sachkapital aus (Daly 1999). Auf Basis einer ökozentrischen Sichtweise werden der Mensch und seine Bedürfnisse als Teil des gesamten Ökosystems betrachtet, so dass sich der Mensch in dieses einzupassen hat (Eckersley 1992). Gefordert werden Erhalt und Schutz des ökologischen Systems, welches die Grundlage für die Entwicklung aller Lebewesen bietet. Im Spannungsfeld dieser beiden Polausrichtungen hat sich weiterhin die kritische oder gemäßigte Nachhaltigkeit herausgebildet. Vertreter*innen dieser Position nehmen eine öko-anthropozentrische Sicht ein, nach der Naturkapital teilweise substituierbar ist, jedoch das *‚kritische' Naturkapital* niemals unterschritten werden darf bzw. stets erhalten werden muss, um Entwicklung zu ermöglichen.

Spätestens die Erkenntnisse zu den *Planetary Boundaries*[9] sollten deutlich gemacht haben, dass es – anders als im Brundtland-Bericht dargelegt – absolute Limits gibt, insbesondere im ökologischen Bereich, welche die menschengemachten Entwicklungen berücksichtigen, insbesondere im Anthropozän, und entsprechend einhalten muss. Die kritische Nachhaltigkeit oder gar die starke Nachhaltigkeit gewinnen erneut an Bedeutung; sie zeigt sich ebenso im Nachhaltigkeitsverständnis des BMU (siehe Definition oben).

Der 2019 von der UN publizierte Bericht *Global Sustainable Development Report, GSDR*, zeigt auf: "Co-benefits, trade-offs and tough choices are at the heart of sustainable development but have not always been appreciated as such. Initial interpretations that emphasized three distinct dimensions of sustainability – economic, environmental and social – tended to reinforce decision-making in thematic silos. The result, typically, was to prioritize immediate economic benefits over social and environmental costs that would materialize over the longer term. However, such an approach also continually deferred consideration of the difficult choices that needed to be made – indeed, the very usefulness of the concept of sustainable development came under question."[10] Die

9 https://science.sciencemag.org/content/347/6223/1259855.

10 https://sustainabledevelopment.un.org/content/documents/24797GSDR_report_2019.pdf, S. 3.

Autor*innen adressieren einen systemischen Ansatz, betonen die Verlinkungen der 17 Nachhaltigkeitsziele untereinander und machen deutlich, dass wir unsere Form des Wirtschaftens und unseren Lebensstil grundlegend ändern müssen.

Die nachfolgenden Nachhaltigkeitsprinzipien können dafür einen Rahmen bieten (siehe Tabelle A1.1). Prinzipien können als Leitlinien für menschliches Verhalten und Handeln angesehen werden (Zucchella/Urban 2014). In der Forstwirtschaft und im Wassersektor wurden mehrere Prinzipien entwickelt und sind inzwischen weitgehend akzeptiert (Grambow 2013). Aufgrund neuer wissenschaftlicher Erkenntnisse lassen sich Prinzipien auch weiterentwickeln und ergänzen. Nur so ist ein effektiver Umweltschutz möglich. Die drei Nachhaltigkeitsprinzipien *Vorsorge*, *Verursacherprinzip* und *Kooperationsprinzip* haben längere Traditionen. Das Vorsorgeprinzip, als Beispiel, basiert auf der Risikoaufklärung und ermöglicht ein schnelles Eingreifen und staatliches Handeln zum Schutz der Umwelt oder der Ressourcen (Johnston et al. 2007, González-Laxe 2005).

Tabelle A1.1: Nachhaltigkeitsprinzipien

Nachhaltigkeitsprinzipien	
Prinzip	***Erläuterung***
Intergenerations- und Gerechtigkeitsprinzip	Grundlegendes ethisches Prinzip der Sorge um die Nachkommenschaft und Ausgleich für die Mitlebenden
Vorsorge- und Reversibilitätsprinzip	Gemäß Umweltethik vorausschauende Risikobetrachtung notwendig. Grenzwerte so niedrig ansetzen, dass das Risiko vertretbar ist. Maßnahmen sollten reversibel sein
Verursacherprinzip	Verursacher trägt Kosten. Wichtig für die Internalisierung der Kosten. Wirtschaftliches Instrument, im besten Falle selbstregulierend
Integrationsprinzip	Integration der triadischen Belange sowie sektoral, lokal und zeitlich übergreifend
Regionalitäts- und Subsidiaritätsprinzip	Regionale Ressourcenkreisläufe sind i.d.R. nachhaltig, insbes. bei Ernährung und Wasserwirtschaft, regionale Lösungen
Solidaritätsprinzip	Ergänzt das Regionalitätsprinzip, Oberlieger-Unterliegerverhältnis, Wasserausgleich zwischen Einzugsgebieten
Kooperations- und Partizipationsprinzip	Fundamentaler Ansatz: Beteiligung der Stakeholder im Sinne der Good Governance
Iterations- und Dynamikprinzip	Nachhaltigkeitsbezogene Entscheidungen müssen während der Planung und auch später wiederkehrend überprüft werden

Tabelle A1.1: Fortsetzung

Nachhaltigkeitsprinzipien	
Transparenzprinzip	Nur Transparenz ermöglicht die Kontrolle und Weiterentwicklung i.S.d. Iteration und Partizipation sowie der Qualitätssicherung
Effizienzprinzip und Konsistenzprinzip	Emissionen bereits an der Quelle vermeiden, keine kritischen Stoffe einsetzen, Effiziente Nutzung, Wasser & Energie sparen, Reinigung am Ort des Entstehens, Verwendung umweltfreundlicher Stoffe
Suffizienz- und Substitutionsprinzip	Aspekt der Genügsamkeit bzw. Ersatz durch nachhaltigere Ressourcen
Resilienzprinzip	Erhalt der Stabilität des Gesamtsystems, Optimierung und gezielte Redundanzen bzw. Sicherheitsabstände zu kritischen Zuständen nötig

Quelle: modifiziert nach Grambow 2013

Die Anwendung der Nachhaltigkeitsprinzipien sollte in allen drei Dimensionen der Nachhaltigkeit zur Geltung kommen: Ökologie, Soziales und Ökonomie sowie deren Integration.[11] Hinsichtlich der Anzahl, Rangordnung und bildlichen Darstellung lässt sich eine große Vielfalt in der Literatur finden. Neben den drei Dimensionen spielen Technologie (auch der Ökonomie zugeordnet) und Kultur (u.a. bei Soziales integriert) eine zentrale Rolle. In der Darstellungsform haben neben dem Drei-Säulen-Modell (Spindler 2012) das Schnittmengenmodell (Clausen et al. 2002) sowie das Vorrangmodell (Ökologie als größter Kreis, Raworth 2018) Verbreitung gefunden. Das Vorrangmodell trifft den Kern der (kritischen) Nachhaltigkeit (auch der BMU-Definition) am Ehesten – gleichwohl findet es nicht primäre Verbreitung. Die Nachhaltigkeitsprinzipien finden ebenso Eingang in den *drei Nachhaltigkeitsstrategien Suffizienz, Konsistenz und Effizienz*. Diese drei Strategien leisten konzeptionell-analytisch große Dienste – in der Praxis sind sie häufig miteinander verwoben.

Suffizienz zielt auf „Änderungen in Konsummustern, die helfen, innerhalb der ökologischen Tragfähigkeit der Erde zu bleiben, wobei sich Nutzenaspekte des Konsums ändern" (Fischer/Grießhammer 2013, S. 10). Das umfasst sowohl die quantitative Reduktion von Nachfrage nach Produkten und Dienstleistungen, wie „Verzicht auf oder die Reduzierung von besonders ressourcenintensiven

11 Die Allianz Sustainable Universities in Austria (2014) stellt in ihrem Handbuch die einzelnen Dimensionen und vielfältige Indikatoren hervorragend zusammen.

Güterarten (z.B. Fernseher, Fleisch), ein Weniger an Größe, Funktionen oder Komfort (eine kleinere Wohnung, ein Auto ohne Klimaanlage)“ (Fischer/Grießhammer 2013, S. 9) bzw. ein Weniger an Volumen und Fläche etc. als auch das Ersetzen von Produkten und Dienstleistungen durch qualitativ andere, d.h. umweltfreundlichere und ggf. sozialfreundlichere Optionen (z. B. Fahrrad statt Auto), Nutzungsdauerverlängerungen, seltenere Nutzung (z. B. von elektrischen bzw. umweltwirksamen Geräten), Eigenproduktionen und auch die gemeinsame Nutzung von Produkten und Dienstleistungen. Ohne Suffizienz wird keine Nachhaltigkeit erreichbar sein bzw. werden. Insbesondere mit Blick auf die Klimagasemissionen kommen wir als Individuen und folglich als Gesellschaft um einen Verzicht nicht umher. Gleichwohl trifft Suffizienz noch immer nicht auf ausreichende Akzeptanz: „Suffizienz von Unternehmen zu fordern ist in einer Marktwirtschaft widersinnig.“ (Schmidt 2008, S. 15) Vor dem Hintergrund dieser Aussage muss die Frage gestellt werden, ob die Marktwirtschaft und der Kapitalismus in den heutigen Ausprägungen geeignete Systeme sind, eine Entwicklung zur Nachhaltigkeit überhaupt zu ermöglichen.

Konsistenz orientiert sich an den Kreisläufen der Natur. Auf Basis dieser Strategie wird versucht, anthropogene Stoff- und Energieströme an die Regenerationsfähigkeit von Ökosystemen anzupassen, um so die Vereinbarkeit von Natur und Technik zu erhöhen. Die Konsistenzstrategie hat somit eine deutliche Technikausrichtung. Zentral sind hierbei die Nutzung nachwachsender Rohstoffe sowie die Ausrichtung ökonomisch-technischer Aktivitäten als Kreislaufwirtschaft. Priorität haben integrierte Umwelt(schutz)technologien (im Vergleich zu End-of-Pipe-Technologien). Ressourceninputs oder Emissionsoutputs sollen qualitativ durch (neue) Technologien angepasst werden, um so eine Einbettung in Naturkreisläufe zu ermöglichen (Fischer/Grießhammer 2013). Konsistenzstrategien benötigen stets Material- und Energiezuflüsse aus der Umwelt – inwiefern diese dauerhaften Rückgriffe für menschliche Aktivitäten im Einklang mit planetaren Grenzen stehen, ist unklar. Notwendige Technologiesprünge mögen in der Zukunft stattfinden, diese können für die Gegenwart jedoch bereits zu spät sein, da irreversible ökologische Tipping-Points bereits ihre *mōmenta* hatten.

Effizienz beschreibt ein Input-Output bzw. Nutzen-Aufwand-Verhältnis zur Erreichung eines bestimmten Ziels oder Ergebnisses. Im Sinne der Nachhaltigkeit wird primär auf die Ökoeffizienz, weniger auf die wirtschaftliche Effizienz, abgezielt, d.h. auf eine Steigerung der Ressourcenproduktivität sowie eine Reduktion von übermäßigen Stoff- und Energieverbräuchen und den damit einhergehenden Umweltbelastungen abgezielt. Die Leistungserstellung soll auf sämtlichen Stufen der Wertschöpfungskette mit dem geringsten möglichen

Einsatz an Stoffen und Energien erfolgen. „Nicht die absolute Menge der Güter- oder Nutzengenerierung ist hier entscheidend, sondern wie viel Aufwand an Rohstoffen oder Umwelt dafür – relativ betrachtet – benötigt wurde. In ihr findet sich das Wirtschaftlichkeitsdenken am ehesten wieder: das Maximierungsprinzip, wonach der Ertrag bei konstantem Aufwand zu maximieren ist, und das Minimierungsprinzip, wonach der Aufwand bei konstantem Ertrag zu minimieren ist. Es wundert daher nicht, dass gerade die Effizienzstrategie gerne von wirtschaftsnahen Vertretern aufgegriffen wird. Sie steht in keinem Widerspruch zu ökonomischen Zielen, sondern unterstützt diese sogar." (Schmidt 2008, S. 6) Effizienz zielt häufig auf Technologieentwicklung ab. Diese lösen jedoch nicht zwingend die Umwelt- und Sozialprobleme, sondern bestärken diese oder rufen diese erst hervor (z. B. durch umweltschädigende Technologien, die es früher nicht gab). Hinzu kommt, dass rein mathematisch Effizienz ebenso entsteht, wenn der Input konstant gehalten wird und der Output maximiert wird. Wachstumseffekte können die relativen Ersparnisse um ein Vielfaches überkompensieren.

Aufgrund der vielfältigen Herausforderungen, die mit den einzelnen Nachhaltigkeitsstrategien einhergehen, braucht es dringend einen Dreiklang bzw. eine integrative Ausrichtung aller drei Nachhaltigkeitsstrategien zur Wahrung der Ökosystemkapazitäten auf allen Ebenen: lokal, national und global.[12] Wie kommt nun die Nachhaltigkeit in Unternehmen und Institutionen?

3. Nachhaltigkeit und Innovationen

Nachhaltigkeit lässt sich als explizites oder implizites Ziel bzw. Thema ins Innovationsmanagement integrieren. Dabei macht es einen Unterschied, ob Nachhaltigkeit das Ausgangsziel einer Aktivität ist oder als integraler Erfolgsfaktor gehandhabt wird. Nachhaltigkeit kann jedoch auch im späteren Verlauf von Innovationsprozessen integriert werden – sei es als regulatives Korrektiv oder als entdecktes Verkaufsargument, wobei jedoch Greenwashing und Sozialwashing zu vermeiden sein sollten. Paech (2005) weist daraufhin, dass Bedürfnisse auf drei Stufen befriedigt werden können: Die Bedarfsebene knüpft an der Suffizienz an und adressiert einen kulturellen Wandel, der Sinn und Ausmaß

12 Huber (2000, S. 121) proklamierte 2000 Konsistenz vor Effizienz vor Suffizienz. Die heutigen Entwicklungsdimensionen fordern eher Suffizienz vor Konsistenz vor Effizienz in reichen Ländern. Huber, J. (2000). Industrielle Ökologie: Konsistenz, Effizienz und Suffizienz in zyklusanalytischer Betrachtung. Baden-Baden. https://nbn-resolving.org/urn:nbn:de:0168-ssoar-121622.

von Bedarfen hinterfragt. Organisationale und institutionelle Innovationen stehen im Vordergrund. Auf der folgenden Ebene des Nutzungssystems sind Nutzeneffizienz und -konsistenz gefragt, d.h. ein systemischer Wandel ermöglicht Bedarfe nach neuem Muster zu befriedigen = Funktionsorientierung. Dienstleistungs- und Systeminnovationen sind zentral. Auf dritter Ebene, der Ebene der Produkte und Technik, sind technische Effizienz und Konsistenz von Bedeutung. Produkt- und Prozessinnovationen stellen den Kern dieser Ebene dar. Adressiert wird ein technischer Wandel, d.h. wie lassen sich Bedarfe nach gegebenem Muster mit größtmöglicher Effizienz und Konsistenz befriedigen.

McDonough und Braungart (2013) plädieren für ein Nachhaltigkeitsmanagement, dass sich auf eine Wert-Schöpfung konzentriert, die Qualität hervorbringt. Merkmale hochwertiger Produkte oder Dienstleistungen sind: wirksame Kreislauforientierung, modulares Design, Vermeidung von toxischen Stoffen und Materialien, biologische Abbaubarkeit, Reversibilität, umweltfreundliche Wertschöpfungskette (einschließlich Produktion, Logistik und Verpackung) sowie die Nutzung erneuerbarer bzw. alternativer Energien (Arnold, 2017).

Laut Natarajan und Rajshree (2012) führt die Vision von *Cradle to Cradle* sogar zu neuen Business-Service-Konzepten. Für die Autoren – wie auch für Hutter (2012) – zählt eine intensive Kund*innen-Beziehung über den gesamten Wertprozess als Erfolgsfaktor: "The system of products and services and its sales and distribution must be a co-operative enterprise between business and customer and customer should be major shareholder in value creations" (Natarajan/Rajshree 2012, S. 8). Eine Ausrichtung auf Nachhaltigkeit braucht sowohl neue Designinnovationen als auch neue Geschäftsmodelle. Laut Bocken et al. (2014) umfassen Geschäftsmodellinnovationen für Nachhaltigkeit "innovations that create significant positive and/or significantly reduced negative impacts for the environment and/or society, through changes in the way the organization and its value-network create, deliver value and capture value or change their value propositions" (Bocken et al. 2014, S. 44). Die nachhaltigkeitsausgerichtete Geschäftsmodellentwicklung ist folglich untrennbar mit der Strategieentwicklung und -umsetzung verbunden. Nach Hutter (2012) lässt sich Nachhaltigkeit erfolgreich über folgende Elemente des Strategieentwicklungsprozesses integrieren:

- *Aktive Strategieformulierung.* Proaktive und auf Nachhaltigkeit ausgerichtete Definition von geplanten und zu realisierender Maßnahmenbündel und Grundmuster

- *Flexibler Einstieg.* Modularisierung von Prozessschritten zur flexiblen Prozesshandhabung – unabhängig von Tiefe und Intensität bisheriger Nachhaltigkeitsaktivitäten
- *Nachhaltigkeitsfokus.* Die Nachhaltigkeitsausrichtung muss konsequent in den Prozess integriert werden
- *Methodenmodifizierung.* Auswahl von Methoden, die für die Entwicklung von Nachhaltigkeitsstrategien adäquat oder für Anpassungen geeignet sind (siehe dazu auch Tabelle A1.2)[13]
- *Stakeholderorientierung.* Integration der Stakeholderperspektive(n) von Anfang an, da integraler Erfolgsfaktor für die Strategierealisierung
- *Innen- und Außenorientierung.* Nachhaltigkeit ist als Thema sowohl intern als auch extern in der strategischen Ausrichtung zu verorten
- *Einbeziehung der Mitarbeitenden.* Integration der Mitarbeitenden in die Strategieentwicklung und -umsetzung als zentraler Erfolgsfaktor

Darüber hinaus können die Managementregeln der Nachhaltigkeit die strategische Ausrichtung von Unternehmen befördern. Die Deutsche Nachhaltigkeitsstrategie hat in der Neuauflage 2016 die Managementregeln überarbeitet und in Teilen neu formuliert.[14] Die 12 Managementregeln umfassen drei Grundregeln und neun Anforderungen für einzelne Handlungsbereiche. Sie geben Unternehmen einen klaren Orientierungsrahmen für ihr Management und unternehmerische Aktivtäten. Zur Realisierung der Managementregeln können Unternehmen auf eine Vielzahl und Vielfalt unternehmerischer Instrumente, Standards, Konzepte und systemausgerichteter Ansätze zurückgreifen bzw. diese ins Management integrieren – siehe Tabelle A1.2.

---

13 Nach Ansicht der Autorin muss hier ein nachhaltigkeitsausgerichtetes Risikomanagement immer zur Anwendung kommen, das positive und negative Abweichungen oder Störfaktoren stets in ausreichendem Maße erfasst und mit Maßnahmen versieht.

14 https://www.bundesregierung.de/resource/blob/975292/730844/3d30c6c2875a9a08d364620ab7916af6/deutsche-nachhaltigkeitsstrategie-neuauflage-2016-download-bpa-data.pdf?download=1, S. 33 ff.

Tabelle A1.2: Ausgewählte Instrumente des Nachhaltigkeitsmanagements

Normen & Standards	Instrumente & Leitfäden	Konzepte oder Systeme	Systemansätze
Normen stellen Dokumente mit Anforderungen, Richtlinien oder Merkmalen zur Verfügung, um einen Zweck zu erreichen. Die Zertifizierung bestätigt bestimmte Merkmale.	Mittel oder Instrument zur Erreichung eines bestimmten Ziels.	Grundlegende Kategorien, Reihe von verschiedenen, aber aufeinander abgestimmten Instrumenten, um mehrere Ziele zu erreichen.	Konzepte oder Systeme, die auf systemische Einflüsse, Abhängigkeiten und Auswirkungen der Interaktion zwischen und innerhalb eines Ganzen fokussieren.
EMAS (III)	Arbeitszeitmodelle	Corporate Citizenship & CSR	Cradle-to-Cradle
ISO 9001	Benchmarking	(Öko-)Design	IPP – Integrierte Produktpolitik
ISO 14001	Deutscher Nachhaltigkeitskodex (DNK)	EFQM	Konzepte und Geschäftsmodellinnovationen der Suffizienz
ISO 14040/44 (Ökologischer Fußabdruck)	GRI	Nachhaltige Anreizsysteme	(Multi-Agenten-) Simulation
ISO 14045 (Ökoeffizienzbewertung von Produktsystemen)	Ideenmanagement	Nachhaltigkeitsausgerichtete Bionik	Systemische Strukturaufstellungen
ISO 15392, ISO 16813, ISO 21930 (Bauen)	ILO	Sustainable Balanced Score Card	
ISO 20121	Klima- und Umweltbilanz	Sustainable Supply-Chain-Management	
ISO 20400	Leitbild	Sustainable Value	
ISO 26000	Risikomanagement	Umweltinformationssystem	
ISO 31000	Stakeholder-Dialoge	UN Global Compact	
ISO 50001	Umwelterklärung/ Nachhaltigkeitsbericht	Wirkungsanalyse/ Folgenabschätzung	
SA 8000	Weiterbildung/Training		

Quelle: essentiell überarbeitet und erweitert nach Schaltegger et al., 2002

Die folgenden Gestaltungsprinzipien für umweltausgerichtete Innovationen (u.a. Hopfenbeck/Jasch 1995, Bergmann 1994, Kreibich 1994) können Unternehmen und Institutionen eine Anregung für die frühe Integration von Nachhaltigkeit im Innovationsprozess geben:

- Abfallkaskade: Wiederverwendung und Weiterverwendung (Beibehalten der Produktgestalt), dann Wiederverwertung und Weiterverwertung (Auflösen der Produktgestalt)
- Bauteile- und Gerätekennzeichnung; Werkstoffkennzeichnung
- nachhaltigkeitsausgerichtete Bionik
- Cradle-to-Cradle
- Demontagefreundlichkeit, leichte Austauschbarkeit von Bauteilen und Modularisierung
- Frugalität (Leichtbau, zuschnitt-gerechte Formgebung, Miniaturisierung, Multifunktionalität, Vereinfachung)
- Lebensdauererhöhung
- Öko-Design: umweltgerechtes, materialeffizientes, materialgerechtes, energieeffizientes, schadstoffarmes, langlebiges, abfallvermeidendes und -verminderndes, entsorgungsgerechtes, logistikgerechtes Design
- Reduktion der Anzahl der Bauteile sowie der Werkstoffvielfalt bzw. Verringerung der Materialvielfalt
- Recyclingfreundliche/recyclinggerechte Materialauswahl, Werkstoffe und Bauteile, hoher Recyclinganteil, Einsatz von Sekundärrohstoffen, Vorzug regenerierbarer vor nicht-regenerierbaren Materialien
- schadstoffarme Material- und Werkstoffauswahl
- Vermeidung von Verbundwerkstoffen, bestimmten Beschichtungen, Zusätzen und Verbundwerkstoffen, Verzicht auf bestandsgefährdete Tier- und Pflanzenprodukte/-stoffe
- Vermeidung von Verpackungen, Reduzierung von Verpackungsvolumen und -gewicht sowie logistikgerechte Formgebung, Verwendung von recyclingfähigem oder biologisch abbaubarem Material (Konsistenz, Kreislaufkonformität)
- Werkstoffminimierung (Ökoeffizienz) und Reduktion des Energieverbrauchs in allen Phasen des Lebenszyklus

Aufgrund von Hygiene, Sicherheitsaspekten und lebensweltlicher Praktikabilität kommen diese Gestaltungsprinzipien – neben ökonomischen Gründen – oftmals nicht zur Geltung. Werden nachhaltigkeitsausgerichtete Innovationen betrachtet, so integrieren sich sämtliche Aspekte der sozialen Dimension zur umweltbezogenen Dimension hinzu, u.a. Achtung von Menschenrechten, faire Entlohnung, menschenwürdige Arbeitszeiten, Arbeitsschutzmaßnahmen etc.

Die Entwicklung zur Nachhaltigkeit verlangt uns weiterhin ein neues Verständnis von Innovation ab. Das heutige Gesellschafts- und Wirtschaftssystem ist vollkommen auf Innovation(en) ausgerichtet. Das war nicht immer so (siehe Hesse/Oschema 2010). Bis ins Mittelalter hinein hatten Innovationen nicht den persönlichen und gesellschaftlichen Stellenwert, den sie heute einnehmen. Innovation war nicht per se positiv assoziiert. „Die Vorstellung von Veränderung im Sinne des Fortschrittsgedankens entstand im ausgehenden Mittelalter." (Meiners 2011, S. 38) Gemäß dem Autor wurde Fortschritt zunehmend als linear aufsteigender Prozess betrachtet und als stetige und positiv besetzte Veränderung interpretiert. Hinzu kam die interpretative Abhängigkeit von der technischen Entwicklung. Die zentrale Frage im Kontext des Nachhaltigkeitsinnovationsmanagements ist nun: Wann ermöglichen oder sind Innovationen Fortschritt mit Blick auf Nachhaltigkeit? Nach Meiners (2011, S. 36) müssen technische Entwicklung und Fortschritt immer im historischen Kontext und „im Zusammenhang mit der Produktionsweise, mit dem Konsumverhalten und der Nachhaltigkeit bewertet" werden. Seiner Ansicht nach sind die Menschen deutlich mit der Technikentwicklung und der (Natur-)Wissenschaftsgeschichte verbunden, da sie die „Technik als Mittel zwischen sich und die Natur schieben" (Meiners 2011, S. 37). Fortschritt und Nachhaltigkeit sind somit untrennbar mit Technologie verbunden.

Konrad Lotter (2011, S. 19/20) formulierte nachhaltigen Fortschritt so: „Die wirkliche Antithese zum Fortschritt ist nicht, wie man annehmen könnte, die Stagnation oder der Rückschritt (der ebenfalls ein „Fortschritt", nur eben zum Schlechteren, ist), sondern der Kreislauf. Als kreisläufige Bewegungen gelten, da Veränderungen nur in sehr großen Zeitspannen stattfinden, vor allem Naturprozesse. Nachhaltig wäre ein Fortschritt dann, wenn die Verbesserungen des Lebens weder zu Lasten der natürlichen Lebensbedingungen noch zu Lasten künftiger Generationen gingen, wenn sich also, auf erweiterter Stufenleiter, eine immer neue Synthese von Fortschritt und Kreislauf herstellen ließe. Das Symbol der geraden Linie (für den Fortschritt) verbände sich mit dem Kreis zum Symbol der Spirale. Die Frage, ob ein solcher spiralförmiger Fortschritt unbegrenzt ist, ist freilich offen. Plausibler erscheint die Annahme, dass dem Fortschritt entweder durch die negativen Nebenwirkungen, die seine Vorteile aufwiegen, oder aber durch die Endlichkeit der natürlichen Ressourcen prinzipielle objektive Grenzen gesetzt sind."

Die nachfolgend beschriebenen Herausforderungen stellen derartige (ausgewählte) objektive Grenzen dar. Im Kontext der Nachhaltigkeit brauchen Innovationen erneut eine neue Kontextualisierung und die Entwicklung und Gestaltung eines neuen Interpretationsverständnisses. Im Sinne der Suffizienz wäre ein Weniger an Innovationen (z. B. neu gekauften Kleidungsstücken pro Jahr) bzw. ein *hin zu* stärker modularisierbaren und flexibler ausgestaltbaren

Innovationen in Sinne der Nutzungsvielfalt und -intensität und ein *weg von* Technikgläubigkeit/-ideologie und Wachstumsglauben wichtig.

4. Herausforderungen auf dem Weg zu nachhaltige(re)n Innovationen

„Freiheit bedeutet Verantwortlichkeit. […]" George Bernard Shaw

Die Freiheit, JEDERZEIT ALLES KONSUMIEREN zu können, hat einen Preis, verursacht enorme ökologische und soziale Kosten und basiert auch auf neuzeitlichen, technischen und ökonomischen Errungenschaften, die eng an Ausbeutung, Ungleichheiten und Menschenrechtsverletzungen gekoppelt sind. Verantwortlichkeit umfasst sowohl das Verantwortlichsein als auch das Verantwortungsbewusstsein/-gefühl – insbesondere hinsichtlich der Folgen einer individuellen oder kollektiven Handlung oder mehrerer Handlungen. Verantwortlichkeit ist stets an Sinn, Moralvorstellungen, Bindungen, soziale Gruppen, Wertesysteme, Rechtssysteme, Zukunftsvisionen etc. gebunden. Insofern braucht es mit Blick auf Umwelt- und Sozialgüter bzw. -dienstleistungen – und die gegenwärtigen globalen Wertschöpfungsprozesse – globale Verbindlichkeiten, global wirkende Verantwortlichkeiten und Sanktionen[15]. Neben individuellen, sozialen, kulturellen, rechtlichen und völkerrechtlichen Herausforderungen gibt es auch vielfältige ökonomische Dynamiken, welche die Entwicklung von Innovationen im Sinne einer Nachhaltigkeit erschweren. Zwei ausgewählte werden nachfolgend beschrieben.

4.1 Reboundeffekte – Grenzen der Effizienz

Potentielle Effizienzsteigerungen sind nicht automatisch vorteilhaft. Substitutions- und Mengeneffekte können mögliche Effizienzgewinne durch Kompensation oder Verlagerung als sogenannte Reboundeffekte (*rebound* aus dem Englischen: abprallen, zurückprallen) überlagern. Es kann sogar zur Überkompensation des erzielten Fortschritts – Backfire-Effekt – führen, indem die generierten Effizienzgewinne neue bzw. andere umweltschädliche Aktivitäten ermöglichen oder zu einer Intensivierung bisheriger Aktivitäten führen, die weit über die realisierten Effizienzersparnisse hinausgehen. Der Effekt ist schon über 150 Jahre bekannt. Ursprünglich wurde das Phänomen unter dem Jevon Paradoxon geläufig – benannt nach seinem Entdecker William Stanley Jevon. Der englische Ökonom analysierte die Auswirkungen der Einführung

15 Siehe auch Julia Shaw 2019. Böse. Carl Hanser Verlag, München.

der kohlebefeuerten Dampfmaschine im 19. Jahrhundert in England. Er fand heraus, dass die Entwicklung der Dampfmaschine Effizienzgewinne hervorrief, durch die zunächst der Kohleverbrauch und in Folge auch der Kohlepreis sanken. Daraufhin wurden jedoch Dampfmaschinen verstärkt nachgefragt, und der Kohleverbrauch stieg entsprechend ebenso wieder an bzw. Kohle wurde weit über das ursprüngliche Maß nachgefragt.

Es wird zwischen direkten, indirekten und gesamtwirtschaftlichen Effekten unterschieden (Madlener/Alcott 2011). Beim direkten Reboundeffekt kommt folgender Effekt zum Tragen: durch die erhöhte Energieeffizienz ist der Preis eines Produktes bzw. einer Dienstleistung ermäßigt – diese Reduktion resultiert in einem höheren Konsum des gleichen Produktes oder der gleichen Dienstleistung (Sorrell/Dimitropoulos 2008). Bei indirekten Reboundeffekten führt die höhere Kaufkraft zum Konsum von anderen Produkten und Dienstleistungen. Nach Santarius (2015) lässt sich der gesamtwirtschaftliche Reboundeffekt als energieproduktivitätsbedingtes Wirtschaftswachstum beschreiben mit Bezug auf die Interaktion zwischen Energienachfrage, Wirtschaftswachstum und Energieeffizienz auf volkswirtschaftlicher Ebene. Zwei Aspekte sind dabei zentral: (1) Die Energieelastizität der Substitution, als Substitutionsfähigkeit von Kapital und Energie, ermöglicht es, einen Teil des Energiebedarfes mittels Kapitalinvestitionen (z.B. in energieeffizienzsteigernde Technologien) zu ersetzen. Er formuliert weiterhin den Zusammenhang: Je ausgeprägter die Substitutionsfähigkeit von Kapital und Energie ist, desto höher sind die makroökonomischen Reboundeffekte. (2) Die Produktionselastizität der Energie, als Stärke der Veränderung des Outputs, welcher wiederum durch variierenden Einsatz von Produktionsfaktoren beeinflusst wird, hat ebenfalls Einfluss auf den gesamtwirtschaftlichen Reboundeffekt. Die Produktivitätssteigerung der Input-Faktoren resultiert in einer Erhöhung des gesamtwirtschaftlichen Wachstums. Daraus schlussfolgert Santarius (2015): Je größer die Produktivitätselastizität der Energie ist, desto stärker ist der Gesamt-Reboundeffekt.

Der Reboundeffekt füllt im Rahmen der Untersuchung der empirischen Evidenz einen Intervallbereich aus, welcher sich von < 0 bis > 1 (bzw. < 0 % bis > 100 %) erstreckt (Chakravarty et al. 2013). Ist der Rebound > 1, liegt ein Backfire-Effekt vor und die (Energie-)Nachfrage ist nach der Effizienzverbesserung höher als vorher. Ist ein Rebound von 1 gegeben, wird dieser als vollständiger Reboundeffekt beschrieben. Die (Energie-)Effizienzverbesserung wird dabei durch die steigende (Energie-)Nachfrage (zurückführend auf ein relativ sinkendes Preisniveau) komplett kompensiert. Demgegenüber steht die Erhöhung der (Energie-)Effizienz, welche vollständig realisiert wird, wenn ein Reboundeffekt von 0 zu verzeichnen ist.

Die Ursachen für Reboundeffekte gehen auf veränderte Verhaltensmuster zurück, die finanziell, sozialpsychologisch, zeitlich und/oder regulatorisch bedingt sein können. Realisierte Kosteneinsparungen und damit freigesetzte monetäre Mittel begründen die finanziellen Reboundeffekte (Buhl et al. 2015). Bei den sozialpsychologischen Gründen ist primär die Bedürfnisbefriedigung zentral. Nach Peters et al. (2012) sind dafür folgende Aspekte bedeutsam: response efficiency, attitude/evaluation, perceived behavioral control, personal norm und social norm. Santarius (2015) unterscheidet drei Effekte: Effekt der verringerten Konsequenzen, Diffusion von Verantwortlichkeit sowie moralischen Rechtfertigung. Diese führen zu einer intensiveren Nutzung effizienterer Technologien und folglich zu verstärkter Energienachfrage. Zeitgewinne können, müssen aber nicht zwangsläufig zu Reboundeffekten führen (de Haan et al. 2015) – hier ist stets eine fallweise Analyse notwendig. Regulatorische Instrumente, z.B. Subventionen, Fördergelder, Effizienzvorgaben und Standards etc. können Reboundeffekte (nicht-intendiert) begünstigen (Semmling et al. 2016, de Haan 2009).

In der Rebound-Literatur kommen unterschiedliche methodische Vorgehensweisen zur Anwendung, und es werden verschiedene Untersuchungszeiträume und -länder einbezogen, so dass wenig einheitliche und direkt vergleichbare Ergebnisse existieren (de Haan et al. 2015). Kontext-, verhaltens- und akzeptanzbezogene Aspekte sowie Technologieregime wirken enorm auf potentielle und tatsächlich realisierte Energieersparnisse ein. Aufgrund verfügbarer Daten überwiegen ferner Studien, die direkte Reboundeffekte ermitteln und diskutieren, im Vergleich zu Analysen von indirekten und gesamtwirtschaftlichen Effekten. Im Bereich Verkehr deuten Studien darauf hin, dass Reboundeffekte durch Energieeffizienz etwas geringer ausfallen als im Wärmebereich (bis ca. 20 Prozent). Die Zeit ist oft ein stärker limitierender Faktor als die Kosten. Im Individualverkehr wirken sich Effizienzgewinne häufig auf das Fahrverhalten aus: „Wege werden häufiger mit dem Pkw zurückgelegt, längere Strecken gefahren und öffentliche Verkehrsmittel oder das Fahrrad dafür weniger genutzt."[16] Im Wohnbereich kommen insbesondere die Felder Beleuchtung, Haushaltsgeräte, Warmwasser, Gebäudeisolierung sowie Wärmedämmung zum Tragen. Nach de Haan et al. (2015) sind Reboundeffekte nicht nur auf Energie beschränkt. Neben Energie lässt sich der Reboundeffekt ebenso auf weitere Ressourcen, z.B. Wasser, übertragen bzw. anwenden. Mit Blick auf die Entwicklung von Innovationen und eine ausschließliche Ausrichtung auf Umweltschutztechnologien, bedarf der Reboundeffekt daher einer besonderen Berücksichtigung. Er ist sozusagen immanent, und gilt bei technologischen Sprüngen stets einzukalkulieren.

---

16 https://www.umweltbundesamt.de/themen/abfall-ressourcen/oekonomische-rechtliche-aspekte-der/rebound-effekte.

4.2 (Geplante) Obsoleszenz – Grenzen der Konsistenz

„Eine Gesellschaft, in der sich eine Wegwerfproduktion etablieren kann, weil sie kurzsichtige wirtschaftliche Interessen verfolgt und ihre Ressourcen nicht schont, stellt ihre Zukunft in Frage." (Schridde 2012, S. 61) Die Frage nach einer geplanten Obsoleszenz[17] von Produkten bewegt die Wissenschaft bereits seit Jahrzehnten. Die Thematik ist zu verorten im Spannungsfeld von billig produzierten Artikeln im Rahmen einer Wegwerfgesellschaft, in der es keiner Qualität und langlebiger Produkte bedarf, über „viel Murks [...] unter den Elektro- und Elektronikgeräten [...], aber keine gezielten Schwachstellen" (Markt&Technik 2013, S. 25) in den Geräten – bis hin zu geplanter Obsoleszenz, die schnellere Wiederkäufe ermöglichen soll und ganz im Sinne unternehmerischer Geschäftsmodelle ist (u.a. Winzer 2017, Schridde 2012). Sepp Eisenriegler geht davon aus, dass es bald keine Wegwerfprodukte mehr geben wird, da die Rohstoffpreise enorm steigen und Langlebigkeit sowie Qualität wieder in den Vordergrund treten werden (Konsument 2018). Gleichwohl lässt sich aus Konsumierendensicht geplante funktionale Obsoleszenz schwer erkennen, nachweisen und sich ihr entgegenstellen. Neben gesetzlichen Vorschriften zu Mindestproduktlebenszeiten zeigen zudem erste Klagen Erfolge.[18] Das UBA fokussiert zwei primäre Strategien zur Bekämpfung von Obsoleszenz: (i) Erreichung einer gesicherten Mindestlebensdauer und Verlängerung der Produktlebensdauer sowie (ii) Verlängerung der Produktnutzungsdauer durch die Konsumierenden.[19] „Da die Ressourceneffizienz mit steigenden Produktlebensdauern zunimmt, ist die Politik neben Herstellern und Konsument/innen auch weiter gefordert, dem Phänomen Obsoleszenz wirksam entgegenzuwirken." (Winzer 2017, S. 9) Nicht zuletzt aufgrund der enormen Umweltbeeinträchtigung, die sich durch kurzlebige Produkte und stetem Konsum ergibt.

den Hollander (2018) und den Hollander et al. (2017) setzen an der Produktintegrität an und entwickeln ein Konzept, dass zwischen langer Nutzung,

---

17 Duden: „die [in seiner Herstellungsweise, seinen Materialien oder Ähnlichem angelegte] Alterung eines Produkts, das dadurch veraltet oder unbrauchbar wird" https://www.duden.de/rechtschreibung/Obsoleszenz.

18 https://www.heise.de/mac-and-i/meldung/Problematische-Smartphone-Updates-Millionenstrafe-fuer-Samsung-und-Apple-4202207.html, https://www.silicon.de/41659611/druckerhersteller-wegen-geplanter-obsoleszenz-verklagt.

19 https://www.umweltbundesamt.de/sites/default/files/medien/1410/publikationen/2017_11_17_uba_position_obsoleszenz_dt_bf.pdf.

erweiterter Nutzung sowie Wiederherstellung unterscheidet. Für eine lange Nutzung sind physische und emotionale Beständigkeit von großer Bedeutung. „A product has a high physical durability if its performance over time degrades slower than comparable products on the market. Degradation can, for instance, be caused by wear, fatigue, creep, and corrosion and can, to a certain extent, be influenced by the design of the product and its components" (den Hollander et al. 2017, S. 521). 'Emotional durability' ist nicht einfach zu beeinflussen und zu erreichen, da neben persönlichen Motiven und Wünschen des Individuums, gesellschaftliche Strukturen sowie sozialen Praktiken, also Routinen, multikausal zusammenwirken (Winzer 2017). Ein gesellschaftliches neues Innovationsverständnis, das neue nachhaltig(er)e Routinen und Routinen der Suffizienz lebt, könnte die emotionale Langlebigkeit unterstützen.

Die zweite Option ist die zeitliche Verschiebung der Obsoleszenz mittels Designs, die Wartung und Upgrades ermöglichen. In vielen Regionen haben sich mittlerweile offene Werkstätten und Reparatur-Cafés für ein gegenseitiges Reparieren etabliert. Die dritte konzeptionelle Möglichkeit adressiert 'Reversing Obsolescence: Design approaches for recovery – Designing for Recontextualising, Repair, Refurbishing, and Remanufacturing'. Die Autor*innen (den Hollander et al. 2017) regen an, Produkte von Anfang an mit einem intelligenten Design zu versehen und auf dieser Ebene auch die Business Modelle auszurichten. „Sinnvollerweise sollten Produkte von Anfang an so konzipiert werden, dass ihre Bestandteile nach Gebrauch bestmöglich wieder verwertbar sind und als Wertstoffe in Produktionskreisläufe zurückgeführt werden können, beispielsweise durch Upcycling, Cradle-to-Cradle-Konzepte und kreislauforientiertes Stoffstrommanagement" (Schridde 2012, S. 57).

Auf europäischer und deutscher Ebene werden Abfall- und Kreislaufwirtschaft gestärkt und gefördert.[20] In der sächsischen Nachhaltigkeitsstrategie hat die Kreislaufwirtschaft ebenfalls einen gewissen Stellenwert. Die Circular Economy nimmt in Forschung eine ebenso prominente Stellung ein. Wilts und von Gries (2017, S. 6)[21] weisen darauf hin, dass Kreislaufwirtschaft „mehr als eine verbesserte Abfallwirtschaft" ist und dass ganz andere Innovationen eine Rolle für die Realisierung einer Kreislaufwirtschaft spielen werden und müssen. Insgesamt muss weniger Abfall entstehen und verursacht werden. Technologische,

20 U.a. EU-Abfallrahmenrichtlinie, Kreislaufwirtschaftsgesetz (KrWG), Verpackungsgesetz (VerpackG) sei 1. Januar 2019.

21 https://epub.wupperinst.org/frontdoor/deliver/index/docId/6672/file/6672_Wilts.pdf.

institutionelle und organisationale Pfadabhängigkeiten[22] erschweren die Transformation hin zu einer umfassenden Kreislaufwirtschaft. Das zeigt sich ebenso in unternehmerischen Aktivitäten und praktischen Herausforderungen.

5. Nachhaltigkeitsmanagement in der Praxis

Die sächsische Nachhaltigkeitsstrategie stellt neun zentrale Handlungsziele in den Mittelpunkt: Bildung und Wissenschaft, Öffentliche Finanzen, Energie und Klima, Natürliche Lebensgrundlagen und Ressourcenschutz, Städte und Ländlicher Raum, Wirtschaft - Innovation - Fachkräfte, Gesundheit und Lebensqualität, Kulturelle Vielfalt, gesellschaftlicher Zusammenhalt und Chancengerechtigkeit sowie Internationale Beziehungen und Entwicklungszusammenarbeit. Laut Staatsregierung ist diese Nachhaltigkeitsstrategie als Mantel- bzw. Dachstrategie zu verstehen und nicht als Maßnahmenprogramm. „Im Rahmen der kommunalen Selbstverwaltung und der interkommunalen Kooperation sowie der damit einhergehenden Hoheitsrechte und Aufgaben verfügen sie [*die Kommunen*] über entscheidende Ressourcen und den unmittelbarsten sowie flexibelsten Gestaltungsspielraum bei der Umsetzung von Maßnahmen vor Ort. Je nach lokaler oder regionaler Ausgangslage setzen Kommunen unterschiedliche Prioritäten, fördern bürgerschaftliches Engagement und können Beteiligungsprozesse vor Ort gestalten."[23] Sie soll Kommunikation und Interaktion hinsichtlich Nachhaltigkeit im Bundesland befördern und dient dazu, dass Nachhaltigkeit stärker in der Sächsischen Staatsregierung und ihren Ressorts verankert wird. Sie kann daher lediglich Ausstrahlkraft für andere Bereiche, wie Wissenschaft und Wirtschaft, ermöglichen - jedoch keine Handlungsrahmen setzen.

Als zentrale Herausforderungen und Ziele des Handlungsfeldes Wirtschaft - Innovation - Fachkräfte, insbesondere *6.a Wirtschaftliche, soziale und ökologische Aspekte der Innovation in Einklang bringen*, werden in der sächsischen Nachhaltigkeitsstrategie festgehalten:[24]

- „Nachhaltigkeit als Auftrag und Chance für Forschung und Unternehmen fördern (zukunftsträchtige Forschungsfelder, neue und vielversprechende Märkte)

---

22 Siehe weiterführend: https://www.oei.fu-berlin.de/politik/publikationen/AP52.pdf, http://www.mpi-fg-koeln.mpg.de/pu/mpifg_ja/ZfS_1-05_Beyer.pdf.

23 https://www.nachhaltigkeit.sachsen.de/download/Nachhaltigkeitsstrategie-barrierefrei.pdf; S. 9.

24 https://www.nachhaltigkeit.sachsen.de/download/Nachhaltigkeitsstrategie-barrierefrei.pdf, S. 59.

- Vorbildrolle des Staates als Abnehmer innovativer und nachhaltiger Produkte stärken
- Überregionale Sichtbarkeit sächsischer Kompetenzen insbesondere in den Zukunftsfeldern Umwelt (Kreislaufwirtschaft, Wasserwirtschaft, Umwelttechnik, Bioökonomie), Energie, Rohstoffe, Mobilität (automatisiertes, autonomes und vernetztes Fahren, Elektromobilität) und Ernährung stärken".

Konkrete Indikatoren sind dafür nicht vorgesehen. Insofern stehen Selbstverpflichtungen und Eigenengagement der Wirtschaft gegenwärtig noch im Vordergrund zur Realisierung nachhaltigkeitsausgerichteter Aktivitäten. Zugleich setzt das Sächsische Staatsministerium für Umwelt und Landwirtschaft (SMUL) Anreize: Der Sächsische Umweltpreis wird seit 2011 vom SMUL ausgelobt und überreicht.[25] Für vier Hauptkategorien *Umweltfreundliche Unternehmensführung, Umweltfreundliche Technologien und Produktionsverfahren, Umweltfreundliche Produkte und Dienstleistungen* und *Ehrenamtliches Engagement und Umweltbildung* können sich Unternehmen und Institutionen alle zwei Jahre bewerben. Darüber hinaus gibt es Sonderpreise und Nachwuchspreise. Die Preisträger*innen offenbaren eine große Vielfalt an nachhaltigkeitsausgerichtetem Engagement in Sachsen. Neben der Nachhaltigkeitsstrategie für den Freistaat Sachsen 2018, mit ihrer konkreten Ausrichtung auf spezifische Handlungsfelder, engagiert sich zum Beispiel Silke Hohmuth für die Gemeinwohl-Ökonomie in Sachsen. Die Carlowitz-Gesellschaft e. V. engagiert sich für die Verbreitung nachhaltiger Ideen und Konzepte und fördert aktiv die Bürger*innen-Beteiligung.

In Sachsens Wirtschaft lassen sich folgende Wirtschaftszweige finden: Baugewerbe, Bergbau und Gewinnung von Steinen und Erden, Energieversorgung, Erbringung von Finanz- und Versicherungsdienstleistungen, Erbringung von freiberuflichen, wissenschaftlichen und technischen Dienstleistungen, Erbringung von sonstigen wirtschaftlichen Dienstleistungen, Erbringung von sonstigen Dienstleistungen, Gastgewerbe, Grundstücks- und Wohnungswesen, Handel, Instandhaltung und Reparatur von Kraftfahrzeugen, Information und Kommunikation, Kunst, Unterhaltung und Erholung, Land- und Forstwirtschaft, Fischerei, Öffentliche Verwaltung, Erziehung und Unterricht, Gesundheits- und Sozialwesen, Verarbeitendes Gewerbe, Wasserversorgung, Abwasser- u. Abfallentsorgung, Beseitigung v. Umweltverschmutzungen, Verkehr und Lagerei.[26] Die Suche nach Nachhaltigkeit in

---

25 https://www.smul.sachsen.de/saechsischer-umweltpreis-5484.html.

26 https://www.statistik.sachsen.de/html/659.htm.

den jeweiligen Wirtschaftszweigen fällt relativ überschaubar aus, und Nachhaltigkeit ist nicht gleichermaßen in den Wirtschaftszweigen verbreitet. Viele Unternehmen kommunizieren Nachhaltigkeit nicht. Das bedeutet nicht zwangsläufig, dass die Unternehmen sich nicht mit Nachhaltigkeit auseinandersetzen oder über kein Nachhaltigkeitsmanagement verfügen – sie kommunizieren es nicht. Insofern sind die beiden Fragen bedeutsam: *Ist Nachhaltigkeit in sächsischen Unternehmen unterrepräsentiert?* und *Warum kommunizieren die Unternehmen ihre Nachhaltigkeitsausrichtung nicht?*

Insbesondere im Handwerk gibt es vielfältige Unternehmen, die nachhaltigkeitsausgerichtet handeln und über Jahrzehnte hinweg im Sinne der Nachhaltigkeit agieren, dies jedoch nicht kommunizieren. Dafür gibt es sicher vielfältige Gründe – gleichwohl ist die unternehmerische Ausrichtung auf Nachhaltigkeit in der heutigen Zeit notwendig; nicht zuletzt aufgrund der nationalen, europäischen und globalen Orientierung auf Nachhaltigkeit sowie der Erfordernis, dass interessierte Kund*innen nachhaltigkeitsausgerichtete Unternehmen als solche auch finden und auf deren Produkte und Dienstleistungen zurück greifen können.

Weitere Beispiele für Nachhaltigkeit in Sachsen sind Biogasanlagen – betrieben als Agrargenossenschaft in Vertragsbeziehung mit der Gemeinde; die Gemeinde stellt Grundstücke für BHKWs und Biogas- und Wärmeleitungen. Die *WindelManufaktur* unterstützt Familien, die naturverbunden und nachhaltig mit ihren Kindern leben wollen. Sie bietet Stoffwindeln aus Biobaumwolle, Hanfstoffe, Bambusviskose oder Merinowolle aus umweltschonender Produktion und mit Schadstofffreiheit an.[27] *Natur Point Unger* ist ein ökologischer Baumarkt für natürliche Naturbaustoffe und Wärmedämmung, in dem ökologische Baustoffe nicht nur gekauft werden können, sondern die Verarbeitung gleich mit vermittelt werden kann. Das Unternehmen arbeitet mit erfahrenen Handwerksbetrieben zusammen, welche die ökologischen Baustoffe (z.B. Lehmfarbe, Zellulose) entsprechend be- und verarbeiten können. Um die Ausrichtung auf Ökologie und Nachhaltigkeit auch sichtbar zu machen, ist das Unternehmen Mitglied bei ÖkoPlus, dem Fachhandelsverbund für Naturbaustoffhändler in Deutschland.

Die *LiGenium GmbH* bringt die Nachhaltigkeit in den Maschinen- und Anlagebau. Das Unternehmen preist zum Beispiel die Transportrollenbahn wie folgt an: „Unsere Rollenbahnen mit einem Gestellsystem in moderner Holzbauweise werden u.a. für den klassischen Palettentransport oder die Beförderung von PKW-Karossen mittels sogenannter Skids eingesetzt. Die

---

27 https://www.windelmanufaktur.com/de/die-windelmanufaktur/philosophie.

Rollenbahn ist deutlich leichter als eine herkömmliche Metallbauweise und dabei wartungsarm, schwingungsdämpfend und lärmreduzierend."[28] Die angeführten Merkmale (i) modulares Gestellsystem aus modernen Holzwerkstoffen, (ii) einfache Montage und hohe Flexibilität im Streckenauf- und -umbau, (iii) hohe Schwingungsdämpfung und Lärmreduktion, (iv) geringer Verzug bei Temperaturschwankungen, (v) niedriger Wartungsaufwand, (vi) hohe Widerstandskraft unter aggressiven Umgebungsbedingungen entsprechen in hohem Maße den oben aufgeführten Gestaltungsprinzipien für umweltausgerichtete Innovationen.

Allerdings zeigt sich eine hohe Vielfalt in der Ausrichtung auf Nachhaltigkeit, die teilweise in die Beliebigkeit abdriftet. So offen das Konzept einer Entwicklung zur Nachhaltigkeit ist, so ist es dennoch nicht beliebig oder gar kaugummihaft. Das Konzept einer nachhaltigen Entwicklung umfasst die drei Dimensionen Ökologie, Soziales und Ökonomie mit klaren Kriterien und Indikatoren. Zugleich sind stets Aspekte der Suffizienz, Konsistenz und Effizienz zu adressieren. Dieser Komplexität gerecht zu werden, ist nach wie vor die tatsächliche Herausforderung bei der Realisierung von Nachhaltigkeit in unternehmerischen Kontexten.

6. Fazit

Die Entwicklung zur Nachhaltigkeit ist die dringliche, wichtige und prägende Herausforderung unserer Zeit. Diese Entwicklung verlangt nach sofortigem Handeln (siehe Klimaerhitzung) und nachhaltigkeitskriteriengeleiteten Aktivitäten. Globale, europäische, nationale und kommunale Visionen und Strategien sind wichtig – ohne Leitbilder findet keine soziale bzw. gesellschaftliche Entwicklung statt. Allerdings dürfen nachhaltigkeitsausgerichtete Strategien nicht nur in generischen Maßnahmen verhaftet bleiben – sämtliche strukturpolitischen Akteure müssen gemäß den Nachhaltigkeitsprinzipien, -strategien, -maßnahmen und -kriterien auch handeln – und zwar alle drei Dimensionen umfassend: Ökologie, Soziales und Ökonomie. Suffizienz, Konsistenz und Effizienz gilt es gleichermaßen mitzudenken bei Neuentwicklungen. Zudem braucht es ein neues Verständnis von Innovation(en) und eine Wegorientierung vom Haben (Anzahl der gehorteten und nicht genutzten Güter).

Nachhaltigkeit ist in Sachsen vorhanden – wenngleich eher verdeckt als offensichtlich. Es gibt innovative, kreative und nachhaltigkeitsausgerichtete Unternehmen, die ihre Nachhaltigkeitsausrichtung auch kommunizieren und verankern.

---

28 https://www.ligenium.de/produkte/.

Zugleich gibt es viele Unternehmen, die Nachhaltigkeit nicht kommunizieren oder auch gar nicht praktizieren. Hier kann die sächsische Nachhaltigkeitsstrategie einen Beitrag leisten, Nachhaltigkeit stärker im Bundesland sichtbar zu gestalten und die Unternehmen anzuregen, in eine Entwicklung zur Nachhaltigkeit zu investieren. Der vielfältig kommunizierte Mythos, dass Nachhaltigkeit nur kostet und nichts bringt – wurde vielfach bereits widerlegt. Investitionen in Nachhaltigkeit kosten wie jede andere Investitionen ebenso, die unternehmerischen und gesellschaftlichen Folgekosten werden zugleich drastisch gesenkt. Das intelligente Design von Produkten und Dienstleistungen im Sinne der Nachhaltigkeit von Anfang an, braucht häufig ein anderes Denken, andere Paradigmen und Freude am Gestalten der Gegenwart und Zukunft für eine lebenswerte Um- und Mitwelt. Dazu braucht es keine Idealisten, sondern Menschen, die Dinge tun und Nachhaltigkeit aktiv in ihre Aktivitäten integrieren.

Weiterhin brauchen wir – vergleichbar zum Paradigmenwechsel im Rahmen der kopernikanischen Wende, weg von geo- und heliozentrischen Weltbildern hin zur Aufhebung der zentrischen Weltbilder, – eine Bewegung weg von anthropozentrischen Sichtweisen hin zu einer Ökosystembetrachtung, in der der Mensch eine Rolle einnimmt, jedoch nicht die zentrale Rolle innehat. Die Wiedereinbettung des homo sapiens in die Biosphäre, die damit verbundene Akzeptanz anderer Lebensformen sowie die Zuschreibung von Rechten auf naturnahe und lebenswerte Lebensformen aller Arten sind für den Erhalt der natürlichen und sozialen Lebensbedingungen Grundvoraussetzung.

Literatur

Allianz Sustainable Universities in Austria (2014): Handbuch zur Erstellung von Nachhaltigkeitskonzepten für Universitäten. erstellt von der Arbeitsgruppe „Nachhaltigkeitskonzepte" der Allianz Nachhaltiger Universitäten in Österreich. H. Kromp-Kolb, T. Lindenthal, L. Bohunovsky (BO-KU), T. Weiger (Universität Salzburg). http://www.openscience4sustainability.at/wp-content/uploads/2013/11/Handbuch_Nachhaltigkeitskonzept_AnU.pdf (Abgerufen: 9.9.2019)

Arnold, M. (2017): Inklusive Wertschöpfung auf BOP Märkten. Interdisziplinäre Implikationen für Nachhaltigkeitsmanagement in frugalen Innovationskontexten. In uwf UmweltWirtschaftsForum, Vol. 25/1–2, S. 25–32. DOI: 10.1007/s00550-017-0442-y.

Bergmann, G. (1994): Umweltgerechtes Produkt-Design. Luchterhand, Berlin.

Bocken, N.M.P.; Short, S.W.; Rana P.; Evans S. (2014): A literature and practice review to develop sustainable business model archetypes. Journal of Cleaner Production. 65: 42–56. DOI: 10.1016/j.jclepro.2013.11.039.

Buhl, J. (2016): Rebound-Effekte im Steigerungsspiel. Zeit- und Einkommenseffekte in Deutschland. Baden-Baden: Nomos Verlagsgesellschaft.

Caradonna, J.L. (2014): Sustainability: A history, Oxford University Press.

Chakravarty, D, Dasgupta, S. Roy, J. (2013): Rebound-effect: how much to worry? In: Current Opinion in Environmental Substainability (5), S. 216–228.

Clausen, J.; Loew, T.; Klaffke, K.; Raupach, M.; Schoenheit, I. (2002): Nachhaltigkeitsberichterstattung: Praxis glaubwürdiger Kommunikation für zukunftsfähige Unternehmen, Berlin: Erich Schmidt.

Corsten, H.; Roth, S. (2012): Nachhaltigkeit als integriertes Konzept. In: (Hrsg.): Nachhaltigkeit, Springer, 1–13.

Daly, H.E. (1999): Wirtschaft jenseits vom Wachstum – Die Volkswirtschaftslehre nachhaltiger Entwicklung. Pustet, Salzburg.

de Haan, P.; Peters, A.; Semmling, E.; Marth, H.; Kahlenborn, W. (2015): Reboundeffekte: Ihre Bedeutung für die Umweltpolitik. Hg. v. Umweltbundesamt. https://www.umweltbundesamt.de/sites/default/files/medien/376/publikationen/texte_31_2015_Reboundeffekte_ihre_bedeutung_fuer_die_umweltpolitik.pdf (Abgerufen: 9.9.2019)

de Haan, P. (2009): Energie-Effizienz und Reboundeffekte: Entstehung, Ausmaß, Eindämmung. In: Schlussbericht. Bundesamt für Energie (Hrsg.). Zürich. https://www.research-collection.ethz.ch/bitstream/handle/20.500.11850/152326/eth-2115-01.pdf?sequence=1&isAllowed=y (Abgerufen: 9.9.2019)

Eckerley. R. (1992): Environmentalism and Political Theory: Toward an Ecocentric Approach. State University of New York Press.

Fischer, C.; Grießhammer, R. (2013): Mehr als nur weniger. Suffizienz: Begriff, Begründung und Potenziale. Öko-Institut, Working Paper 2/2013, https://www.oeko.de/oekodoc/1836/2013-505-de.pdf (Abgerufen: 9.9.2019)

González-Laxe, F. (2005): The precautionary principle in fisheries management. Marine Policy. 29, 495–505.

Grambow, M. (Hrsg.). (2013): Nachhaltige Wasserbewirtschaftung, Konzept und Umsetzung eines vernünftigen Umgangs mit dem Gemeingut Wasser. Springer, Wiesbaden.

Hampicke, U. (1992): Ökologische Ökonomie, Individuum und Natur in der Neoklassik. Natur in der ökonomischen Theorie: Teil 4, Opladen.

Hesse, C.; Oschema, K. (2010): Aufbruch im Mittelalter – Innovation in Gesellschaften der Vormoderne. Eine Einführung. in Hesse, Christian, Oschema, Klaus (Hrsg.): Aufbruch im Mittelalter – Innovationen in Gesellschaften der Vormoderne. Studien zu Ehren von Rainer C. Schwinges. Thorbecke, Ostfildern 2010, S. 9–33.

Hopfenbeck, W.; Jasch, C. (1995): Öko Design: Umweltorientierte Produktpolitik. verlag moderne industrie, Landsberg/Lech.

den Hollander, M.C. (2018): Design for Managing Obsolescence: A Design Methodology for Preserving Product Integrity in a Circular Economy. https://repository.tudelft.nl/islandora/object/uuid%3A3f2b2c52-7774-4384-a2fd-7201688237af (Abgerufen: 9.9.2019)

den Hollander, M.C.; Conny A.B.; Hultink, E.J. (2017): Product Design in a Circular Economy. Development of a Typology of Key Concepts and Terms. Journal of Industrial Ecology 21/3, S. 517–525.

Hutter, C. (2012): Nachhaltigkeitsstrategieentwicklung. Das Spannungsfeld von Unternehmen und Stakeholdern in der automobilen Unternehmenspraxis. Wiesbaden: Springer Gabler.

Jevons, W.S. (1866): The coal question; An inquiry concerning the progress of the nation and the probable exhaustion of our coal mines. 2. Aufl. London: Macmilland and Co.

Jörissen, J.; Kopfmüller, J.; Brandl, J. (1999): Ein integratives Konzept nachhaltiger Entwicklung. Karlsruhe: Forschungszentrum Karlsruhe GmbH.

Johnston, P.; Mark Everard, M.; Santillo, D.; Robèr, K.-H. (2007): Reclaiming the Definition of Sustainability. Env Sci Pollut Res. 14(1), 60–66.

Konsument (2018): Das nachhaltige Interview. Ohne Systemänderung geht es nicht. 08/2018, S. 42–43.

Kreibich, R. (1994): Ökologische Produktgestaltung und Kreislaufwirtschaft. UWF, 5, 13–22.

Kurth, H. (1994): Forsteinrichtung: Nachhaltige Regelung des Waldes. Norbert Kessel Verlag.

Lotter, K. (2011): FAQ zum Thema Fortschritt, Münchner Zeitschrift für Philosophie. WIDERSPRUCH Nr. 54, S. 13–21. https://widerspruch.com/artikel/54-all/54-all.pdf (Abgerufen: 9.9.2019)

Madlener, R.; Alcott, B. (2011): Herausforderung für eine technisch-ökonomische Entkopplung von Naturverbrauch und Wirtschaftswachstum. Unter besonderer Berücksichtigung der Systematisierung von Reboundeffekten und Problemverschiebungen. Berlin: Enquete-Kommission „Wachstum, Wohlstand, Lebensqualität" des Deutschen Bundestags.

McDonough, W.; Braungart, M. (2013): The Upcycle: Beyond Sustainability – Designing for Abundance. North Point Press. New York.

Meiners, R. (2011): Entwicklung der Technik und Fortschritt der Gesellschaft, Münchner Zeitschrift für Philosophie. WIDERSPRUCH Nr. 54, S. 35–45, https://widerspruch.com/artikel/54-all/54-all.pdf (Abgerufen: 9.9.2019)

Markt&Technik (2013): Stiftung-Warentest-Analyse. Keine Beweise für geplante Obsoleszenz! Heft 37/2013, S. 24/25.

Natarajan P. R.; Rajshree N. R. N. (2012): Cradle to Cradle Design of Operations. IJSR 3 (4): 7–8.

Nisbet, J. (Hrsg.) (2013): John Evelyn. Sylva, Or, a Discourse of Forest Trees: With an Essay on the Life and Works of the Author, Volume 1, Part of Cambridge Library Collection – Botany and Horticulture Cambridge University Press.

Nutzinger, H.G.; Radke, V. (1995): Das Konzept der nachhaltigen Wirtschaftsweise. Historische, theoretische und politische Aspekte. In: Nutzinger H.G. (Hrsg.): Nachhaltige Wirtschaftsweise und Energieversorgung, Marburg 1995, S. 13–49.

Paech, N. (2005): Nachhaltiges Wirtschaften jenseits von Innovationsorientierung und Wachstum, Marburg.

Peters, A.; Sonnberger, M.; Elisabeth, D.; Jürgen, D. (2012): Theoretical perspective on rebound effects from social science point of view: Working paper to prepare empirical psychological and sociological studies in the REBOUND project. Hg. v. Fraunhofer ISI. Karlsruhe (S2/2012).

Raworth, K. (2018): Die Donut-Ökonomie: Endlich ein Wirtschaftsmodell, das den Planeten nicht zerstört. Carl Hanser Verlag GmbH & Co. KG.

Santarius, T. (2015): Der Reboundeffekt. Ökonomische, psychische und soziale Herausforderungen für die Entkopplung von Wirtschaftswachstum und Energieverbrauch. Marburg: Metropolis-Verlag.

Schaltegger, S.; Herzig, C.; Kleiber, O.; Müller, J. (2002): Sustainability Management in Business Enterprises, Concepts and Instruments for Sustainable Organisation Development. CSM, Lüneburg.

Schmidt, M. (2008): Die Bedeutung der Effizienz für Nachhaltigkeit – Chancen und Grenzen. In: Hartard, S., Schaffer, A., Giegrich, J. (Hrsg.): Ressourceneffizienz im Kontext der Nachhaltigkeitsdebatte. Nomos-Verlag Baden-Baden, 2008, S. 31–46.

Schridde, S. (2012): Geplante Obsoleszenz: Gebaut, um kaputtzugehen. politische ökologie 129, S. 56–61.

Semmling, E.; Mart, H.; Kahlenborn, W.; de Haan, P.; Basler, E. (2016): Rebound-Effekte: Wie können sie effektiv begrenzt werden? Umweltbundesamt (Hrsg). https://www.umweltbundesamt.de/sites/default/files/medien/376/publikationen/reboundeffekte_wie_koennen_sie_effektiv_begrenzt_werden_handbuch.pdf (Abgerufen: 9.9.2019)

Sorrell, S.; Dimitropoulos, J. (2008): The Rebound Effect: Microeconomic Definitions, Limitation and Extensions. In: Ecological Economics (65), S. 636–649.

Spindler, E. A. (2012): Geschichte der Nachhaltigkeit. Vom Werden und Wirken eines beliebten Begriffes. https://www.nachhaltigkeit.info/media/1326279587phpeJPyvC.pdf (Abgerufen: 9.9.2019)

United Nations (1972): United Nations Official Document, 5.-16. Juni 1972. http://www.un.org/ga/search/view_doc.asp?symbol=A/CONF.48/14/REV.1 (Abgerufen: 9.9.2019)

Winzer, J. (2017): Geplante Obsoleszenz in der Wegwerfgesellschaft. Die Lebensdauer von Produkten ist planbar. Ökologisches Wirtschaften 1.2017 (32). DOI 10.14512/OEW320109.

Zucchella, A.; Urban, S. (2014): Futures of the sustainable firm: An evolutionary perspective. Futures 63, 86–100.

Steve Grundig und Markus Will

Kristallisationspunkte für Nachhaltigkeitsentwicklung in Unternehmen

1. Vorbemerkungen

Der vorliegende Beitrag ist kein Resultat akademischer Untersuchungen und muss sich daher auch nicht den Gültigkeitsbedingungen wissenschaftlicher Forschung stellen. Vielmehr ist der Text essayistisch angelegt und teilt Erfahrungen und Einschätzungen der beiden Autoren mit. Steve Grundig zählt zum Gründerkreis von *plant values*, einer Firma, die im Bereich der Nachhaltigkeitsentwicklung für Unternehmen und Organisationen beratend tätig ist. Markus Will ist u.a. Dozent an der *Hochschule Zittau/Görlitz* und befasst sich als Forscher und Berater mit vielfältigen Themen im Bereich Nachhaltigkeit, Risikoabschätzung und Ökobilanzierung. Die Erfahrungen und Erkenntnisse, auf welche im Folgenden referenziert wird, fußen auf den zahlreichen und vielfältigen Projekten im Feld der Nachhaltigkeit. Zuviel wäre erwartet, ginge man (oder frau) davon aus, die beiden Autoren wären sich in jeglicher Hinsicht einig. Es sei anerkannt, dass die Firma *plant values* in ihrem Mission Statement und internem Selbstverständnis festlegt hat, nur für bestehende Organisationen tätig sein zu wollen, die eine ernsthafte Transformation hin zum nachhaltigen Wirtschaften verfolgen; bzw. jene neuen Unternehmen (Startups) zu begleiten, welche bei deren Geschäftsmodellentfaltung soziale und/oder ökologischen Nachhaltigkeit beachten. Damit zählt die Beratungsagentur selbst zu der Art von Unternehmen, die in diesem Artikel mit dem Attribut *„purpose-driven"* versehen werden.

2. *Purpose* als Ausgangspunkt für nachhaltiges Unternehmertum

Der Managementkybernetiker Stafford Beer prägte den Begriff POSIWID, als Ausgangspunkt für die Analyse von Organisationen aus systemtheoretischer Sicht. POSIWID steht für *„The purpose of a system is what it does"* (Beer, 2002). Um etwa die Aktivitäten von Unternehmen auch im Kontext von Nachhaltigkeitsmanagement besser zu verstehen, sollten dem Diktum folgend, die tatsächlichen Maßnahmen in den Blick genommen werden und nicht nur die Zuschreibungen von *„guten Absichten"* oder ethisch-moralischen Aussagen in Nachhaltigkeitsberichten, Unternehmenspolitiken und Leitbildern (Bini & Bellucci, 2019; Schmeltz, 2012). Jüngst ist Stafford Beer wieder in Mode gekommen, da vielerorts über *„purpose"* oder *„value-driven organisations"* gesprochen wird (Barrett, 2013; Cohen & Muñoz, 2015), um ein anderes berühmtes Diktum diesmal von Milton Friedman zu überwinden. Friedman soll angeblich gesagt haben, dass sich Unternehmen ausschließlich auf ihren einzelwirtschaftlichen Erfolg konzentrieren sollten, denn dann dienen sie quasi automatisch dem Gemeinwohl durch Schaffung von Arbeitsplätzen und das Zahlen von Steuern, insofern der Staat soziale und ökologische Leitplanken setzt. *„The business of business is business"*, um mehr brauchen sich Unternehmen also nicht kümmern. Das dies offensichtlich zu kurz springt, verdeutlicht sich nicht nur an den eingeschränkten Steuerungsmöglichkeiten „des Staates" in einer globalisierten Welt (Nassehi, 2018), sondern auch an den hinlänglich bekannten Gesetzesverstößen – Stichwort *„Diesel-Gate"* (Boos et al., 2019).

Die Frage nach dem Zweck eines Unternehmens ist gleichzeitig trivial und komplex. Einfach gesagt: der Sinn von Unternehmen sind sie selbst. Unternehmen gibt es, weil sie weiter bestehen wollen und Geld verdienen, ist das Mittel um diesen Zweck zu erfüllen (Dethloff, 2020). Aber gibt es noch einen *Purpose*, einen Zweck, der über den Selbsterhalt und die Wertschöpfung hinausgeht – so wie es für eine Beförderung von Nachhaltigkeit wichtig wäre? Dann würde der *Purpose* beschreiben, was eine Organisation sein oder tun will (Bulgarella, 2018). Wenn beispielsweise ein Unternehmen angibt, ihr Zweck sei es *„…die angesehensten Lösungen in der Branche zu liefern."* oder *„Unser Ziel ist es, Kunden*innen glücklich zu machen"* (beides zitiert nach Bulgarella, 2018, eigene Übersetzung), so sind dies prägnante Aussagen. Die Absichtserklärungen zeigen an, wo die Organisationen sich sieht und wie sie sich künftig entwickelt, jedoch eher mit Bezug auf eine wirksame Verwaltung des Status quo und der Sicherstellung von Stabilität und vorhersagbarem Wachstum (Bulgarella, 2018). Das Ziel Kunden glücklicher zu machen ist ein hehres Ziel – es gibt dagegen nichts einzuwenden. Es bleibt dennoch unklar, was genau darunter zu verstehen sei und welche Maßnahmen und Fortschritte damit verbunden wären, dieses Ziel zu erreichen. Es handelt sich bei den beiden Beispielen zunächst um rein rhetorische Figuren: Es wird ein hohes, aber allgemeines Ziel artikuliert, aus dem sich aber kaum ableiten lässt, woran sich Entscheidungsprozesse des Managements orientierten sollen. Damit dürften die Aussagen kaum eine transformative Bedeutung für Führungskräfte und Mitarbeiter haben (Bulgarella, 2018).

Nehmen wir ein anderes Beispiel für einen *Purpose*, das von der Firma Patagonia stammt: *„das beste Produkt herstellen, keinen unnötigen Schaden* *anrichten, die Wirtschaft als Inspiration nutzen und Lösungen für die Umweltkrise umsetzen.*" (zit. nach Bulgarella, 2018, eigene Übersetzung). In diesem Beispiel wird eine Art von „höherem Bewusstsein" deutlich. Das mag in manchem Ohr esoterisch klingen, auf jeden Fall aktuell noch untypisch für derzeitige Leitlinien unternehmerischen Handelns. Es kann aber daraus gut abgeleitet werden, dass es der Firma nicht nur um ihr Ansehen geht, sondern auch darum, ihre Möglichkeiten dafür einzusetzen, Lösungen für Umwelt- und Nachhaltigkeitsprobleme zu finden. Auch ist die Aussage konkret genug, um als Zielmarke für Managemententscheidungen zu fungieren, indem Verantwortung (unnötigen Schaden vermeiden) und Tatkraft (Lösungen umsetzen) artikuliert werden. Der Zweck des Unternehmens geht demnach über den reinen Selbsterhalt hinaus und wird um eine gemeinwohlförderliche Komponente ergänzt. Ein neues Diktum könnte daher heißen *„Doing business, doing good"* (Anderson & White, 2009; AtKisson, 2012; Willard, 2009, 2012) und damit die Unternehmensentwicklung in Richtung „true business sustainability" laufen lassen (Dyllick & Muff, 2016). In einem solchen Unternehmenszweck liegt eine transformative Qualität, die nicht für alle Unternehmensformen gleich bedeutend sein kann, denn sie setzt Freiheitsgrade voraus, damit sich ein Unternehmen überhaupt selbstgesteuert entwickeln kann und unter Vorwegnahme nicht nur technologischer disruptiver Veränderungen – sich neu erfindet (Benn et al., 2014; Göpel, 2016; Laloux & Wilber, 2014). Das geht nicht bei allen Betrieben, worauf im nächsten Kapitel eingegangen wird.

3. Unternehmen, andere Unternehmen und Nachhaltigkeit

Also nochmal ein paar Schritte zurück: Es gibt einen Bedarf dafür, dass sich Unternehmen verändern. Sie sind strukturpolitische Akteure und können sich dem Thema Nachhaltigkeit nicht entziehen. Unternehmen haben einen starken Einfluss auf Märkte, Lieferketten, Konsummuster und staatliche und supranationale Politik. Sie sind quasi Orte des aggregierten Handelns und haben damit eine konzentrierte Wirkung auf das jeweilige Umfeld. Unternehmen stellen, gewollt oder ungewollt, aktiv oder passiv entweder Agenten des Wandels oder Verteidiger des Status Quo dar (Schaltegger, 2015): Unternehmen können Nachhaltigkeit *nicht nicht* beeinflussen (vgl. Schaltegger, 2015:199) Gleichzeitig schweben Unternehmen nicht frei im Raum, sondern sie sind eingebettet in gewachsene und notwendige Strukturen in einer Industriegesellschaft, die vielfältige Pfadabhängigkeiten und Zwänge kreieren (Posse, 2015; Schreyögg, 2013). Spätestens an dieser Stelle wird es nun komplizierter und einfache Rezepte gelangen an Grenzen: Organisationen müssen sich ändern, egal was sie tun tragen sie zu Nachhaltigkeit und/oder Nicht-Nachhaltigkeit bei, aber es gibt systematische Beharrungstendenzen, die einen Wandel erschweren.

Die Herausforderungen der als nötig erachteten Nachhaltigkeitstransformationen (Schneidewind et al., 2018; Senge et al., 2011) stellen sich in unterschiedlichen Formen für unterschiedliche Branchen und Sektoren dar (vgl. Tabelle A2.1) und müssen immer auch in Zusammenhang mit anderen Megatrends oder disruptiven Technologien betrachtet werden (vor allem Digitalisierung und Automatisierung).

Tabelle A2.1: Beispiele für Branchen und deren Schlüsselherausforderungen

Branche	Schlüsselherausforderungen
Energie	Technologiewandel hin zu erneuerbaren Energien, Klimaneutralität, CCS-Technologie, Bereitstellung von Wasserstoff aus grünem Residualstrom
Energieintensive Grundstoffindustrie	Klimaneutralität in der Produktion, Verwendung biobasierter Rohstoffe, Circular Economy, CCS/CCU
Mobilität	Antriebswende hin zu batterie- und/oder wasserstoffbetriebenen Elektromotoren, Transformation zu Mobilitätsdienstleistungen, Sharingmodellen und Substitution von Individualverkehr
Ernährung	Globale Nahrungsmittelsicherheit und -verfügbarkeit, Sicherstellung nachhaltiger Land- und Bodennutzung, Erhalt von Ökosystemdienstleistungen, Wandel zu nachhaltigen Ernährungsregimen
Gebäude/Infrastrukturen/ Städte	Energie- und Ressourceneffizienz, Ermöglichung urbaner Teilhabeformen
Banken/Versicherungen	Divestment und Umlenkung von Investitionsströmen
Informations- und Kommunikationstechnologie	Ermöglichung einer verstärkten Commons-Ökonomie, Beherrschung von digitalen Rebounds

Quelle: Schneidewind et al., 2018, S. 394ff., verändert

Die Grundstoffindustrie (Chemie, Stahl, Baustoffe usw.) oder die Ernährungsindustrie beispielsweise werden auch zukünftig auf großen Märkten aktiv sein und deren Nachhaltigkeitsbemühungen richten sich auf die (inkrementelle) Verbesserung ihrer Produkte (Schneidewind et al., 2018). Dagegen stehen für konventionelle Energieversorger (Öl- und Kohlekonzerne) oder Automobilhersteller ganze Geschäftsmodelle auf dem Spiel, die zu verändern größere Transformationsanstrengungen benötigt. Wie es nicht „den Kapitalismus“ gibt, sondern eine Vielzahl von Spielarten (Hall & Soskice, 2001), so ist auch das Spektrum an Unternehmensformen sehr groß. Es gibt die („bösen“) shareholdergetriebenen multinationalen Konzerne, Familienunternehmen mit – unterstellt – langfristiger Unternehmensvision. Es gibt eigner- und managergeführte Unternehmen, es gibt Genossenschaften, Stiftungen und Unternehmen in öffentlicher Hand, Sparkassen, Non-Profit-Unternehmen und auch Hybridformen im Bereich *social business*. Je nach Branche und Unternehmensform ergeben sich unterschiedliche Herausforderungen und auch unterschiedliche Möglichkeiten, aber keine *„one-fits-all"*-Lösung. Positive-Impact Start-ups mögen mit ihren Unternehmen sehr sinnvolle Dinge tun, haben in der Regel einen sehr kleinen Marktanteil oder sind vorwiegend im Dienstleistungssektor tätig (Fichter & Olteanu, 2019; Wunder, 2019). Eine Nachhaltigkeitstransformation lässt sich demnach nur denken, wenn sich die spezifischen Potenziale der unterschiedlichen (Wirtschafts-) Akteure unter den Bedingungen einer weiterentwickelten kapitalistischen Marktwirtschaft entfalten können (Lovins et al., 2018; Lovins & Goodstein, 2013; Raworth, 2017; Rifkin, 2011, 2019; Senge et al., 2011; Yunus, 2010). Es muss anerkannt werden, dass die Schlüsselherausforderungen und auch der mögliche positive Impact auf Nachhaltigkeit mit der Unternehmensform variiert (siehe Abbildung A2.1). Nur der richtige Mix aus unterschiedlichen Formen (von Unternehmen, der Impacts und der Gemeinwohlorientierung) im Sinne einer gemischten Wirtschaft (Hacker & Pierson, 2017) wird einen ökonomischen Transformationsprozess ermöglichen (Schneidewind et al., 2018).

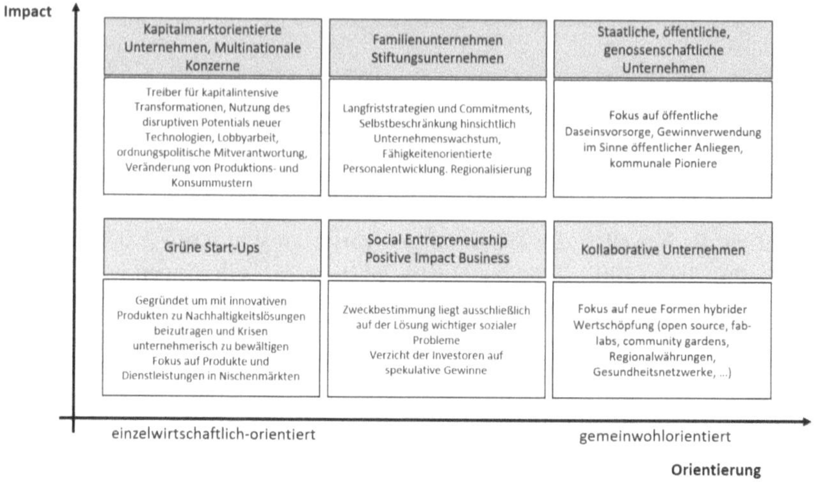

Abbildung A2.1: Typologie, Spektrum der potenziellen Nachhaltigkeits-Impacts und Gemeinwohlorientierung

Quelle: *nach (Schneidewind et al., 2018) verändert*

4. Auslöser

Eine derartige Differenziertheit ist auch wichtig, wenn die Nachhaltigkeitsleistung von Unternehmen bewertet werden soll. Einige Unternehmen können freier agieren, als andere. Auch sind die Auslöser, das Warum, unterschiedlich. In der Literatur zu Umweltpolitik und Nachhaltigkeitsmanagement wird dabei häufig zwischen extrinsischen und intrinsischen Faktoren unterschieden (siehe Abbildung A2.2), die u. a. reaktive oder proaktive Handlungen auslösen können.

Abbildung A2.2: Interne und externe Einflussfaktoren auf das Nachhaltigkeitsengagement in Unternehmen

Quelle: *Fichter, 2005; Fichter et al., 2007; Fürstenwerth, 2003*

Änderungen und Verschärfungen von Gesetzen, wie etwa die CSR-Berichtspflicht für Großunternehmen oder die Möglichkeit durch Nachweis eines ISO 50001 Energiemanagementsystems Steuerermäßigungen zu erhalten sind Beispiele für externe „push“ oder „pull“-Faktoren[1]: Nachhaltigkeit drängt sich gewissermaßen als „Muss“ auf.

Durch die Novellen der ISO Managementsystemstandards (z.B. ISO 9001, ISO 14001, ISO 45001, ISO 50001) wurden neue Anforderungen gestellt, von denen viele Unternehmen betroffen waren und denen sie sich stellen mussten, um Zertifikate halten zu können. Einen Bezug zu Nachhaltigkeit haben

1 Push-Faktoren lösen einen Handlungsdruck aus. Unternehmen müssen bestimmte Maßnahmen ergreifen, um Compliance mit externen Anforderungen auszulösen. Pull-Faktoren sind z.B. Förderungen/Subventionen oder Steuererleichterungen, die Anreize für Maßnahmen aber keine Verpflichtungen darstellen.

vor allem die geforderte Kontextanalyse und die Berücksichtigung von Stakeholderinteressen, die Risiko- und Chancenanalyse sowie die Lebenswegbetrachtung (diese nur im Umweltmanagement). Gewissermaßen extrinsisch erzwungen sind Anpassungsreaktionen an sich ändernde Marktumfelder oder der Wille neue Märkte und Kundensegmente erschließen zu wollen. Von verschiedenen Akteuren und sogenannten Zukunftsforschern werden regelmäßig Megatrends[2] postuliert (Horx & Zukunftsinstitut, 2018), und Nachhaltigkeit ist da häufig genannt. Unternehmen sehen sich dann gezwungen – positiver formuliert: ergreifen die Chance – „irgendwas Innovatives mit Nachhaltigkeit" zu tun, um den externen Anforderungen zu entsprechen, oder ein entsprechendes Image aufzubauen (Ram Nidumolu, 2009). Dieses „branding" spielt auch eine Rolle bei der Nachwuchssicherung[3] und soll die „licence-to-operate" sicherstellen (Schaltegger & Figge, 1998). Derartige Entwicklungen können auch Dominoeffekte auslösen (Schulz, 2012). Anforderungen werden in der Lieferkette weitergereicht oder Wettbewerber versuchen, die Nachhaltigkeitsinitiativen zu imitieren. Das Zukunftsinstitut von Matthias Horx stellt fest, dass der Nachhaltigkeitstrend – dort stets als Neo-Ökologie bezeichnet, um sich von der alternativen und kapitalismuskritischen Umweltbewegung abzugrenzen – das unternehmerische Denken tiefgreifend verändern wird (Gatterer et al., 2012; Horx & Zukunftsinstitut, 2018). Dieser tiefe Wandel setzt ein recht hohes Maß an Authentizität voraus und hier liegt u. E. auch die Schwelle zur intrinsischen Motivation. Wenn Mitarbeiter*innen für das Nachhaltigkeitsthema brennen und mit innerer Überzeugung und Bereitschaft Maßnahmen voranbringen sollen und Nachhaltigkeit in die DNA eines Unternehmens eingeschrieben wird (Bell et al., 2012; Laszlo & Zhexembayeva, 2017), dürfte das einer Neuerfindung des gesamten Unternehmens gleichkommen (Laloux & Wilber, 2014; Lauer, 2014). Das mag nicht nur esoterisch klingen, sondern auch utopisch, wenn die Pfadabhängigkeiten und Beharrungstendenzen insbesondere bei Großunternehmen bedacht werden. Der Fall BP schildert dies ganz gut. Vor fast zwanzig Jahren wurde dort eine Nachhaltigkeitskampagne gestartet,

---

2 Beispiel: Der Think Tank „Zukunftsinstitut" zeigt Megatrends auf, welche Wirtschaft und Gesellschaft in den kommenden Jahrzehnten prägen und verändern werden. Ein wesentlicher Trend ist dabei Neo-Ökologie, welcher „nicht nur für eine Neuausrichtung der Werte der globalen Gesellschaft, der Kultur und der Politik [sorgt]. Er verändert unternehmerisches Denken und Handeln in seinen elementaren Grundfesten." (Horx & Zukunftsinstitut, 2018)

3 http://www.sustainablebrands.com/news_and_views/articles/how-sustainability-strategy-impacts-your-corporate-brand-and-ranking (2016-02-11)

die auch damit verbunden war, den Unternehmensnamen als „beyond petrol" zu lesen[4]. Kritische Umweltverbände konnten sich kaum halten (vor Lachen) und auch eine weitere Unternehmensstrategie „20th century response to a 21st century problem" wurde als „lightweight PR and greenwash"[5] scharf kritisiert. Das deutet darauf, dass tradierte, große und global agierende Unternehmen sich nicht einfach transformieren lassen. Und es deutet darauf, dass es junger wachstumsorientierter Unternehmen und Neugründungen bedarf, um den Wandel voran zu treiben. Es ist ein erhöhtes Aufkommen von Neugründungen im Bereich *Green Start-ups* und *Social Business* zu verzeichnen (Fichter & Olteanu, 2019). Diese Labels, green start up, impact business, social business usw., werden Unternehmen, deren Gründer*innen einer sinnstiftenden Arbeit nachgehen und dabei zur Lösung gesellschaftlicher und/oder ökologischer Probleme beitragen wollen oder Alternativen und Nischen schaffen, freilich erst nachträglich aufgesetzt. Wie in Abbildung A2.2 dargestellt, reicht eine intrinsische Motivation allein nicht aus, sondern es bedarf weiterer Faktoren, vor allem Methoden- und Umsetzungskompetenz (Fürstenwerth, 2003).

5. Ambitionsniveaus

Da es aufgrund der Komplexität und Verzwicktheit (Walls, 2018) kein allgemein anerkanntes und bewertungsfähiges (operationalisierbares) Konzept von Nachhaltigkeit geben kann, wird die Einschätzung, ob ein Unternehmen „*wirklich nachhaltig*" ist, erschwert. Wird der Begriff Nachhaltigkeit als regulative Idee (nach Immanuel Kant) ausgelegt, ergibt sich die Möglichkeit einer negativen Bewertung: bestimmte Aspekte, die offensichtlich nicht nachhaltig sind, dienen als Ausgangspunkt eines Un-Sustainability Assessments (Platje, 2015; van Dam, 2017). Ein nicht-nachhaltiges Unternehmen ist eines (Schaltegger, 2015), dass systematisch dazu beiträgt, dass (Robert et al., 2002; Will, 2017):

- knappe Ressourcen ausgebeutet werden ohne deren Regeneration zu befördern
- die Menge von Abfällen aus der Rohstoffgewinnung zunimmt,
- die Konzentration von Emissionen und (gefährlichen) Abfällen aus der Herstellung, Verwendung und Entsorgung von Produkten ansteigt,
- Ökosystemleistungen beansprucht werden und sich verschlechtern und

---

4 https://www.theguardian.com/business/2000/jul/25/bp (2019-08-03)

5 https://www.theguardian.com/business/2018/apr/16/lightweight-pr-greenwash-bp-low-carbon-plan-dismissed-environmentalists (2020-01-04)

- an nicht nachhaltigen linearen Produktions- und Konsummustern festgehalten wird.

Derartige Unternehmen verlassen sich auf untaugliche Managementsysteme, die defizitäre oder falsche Managemententscheidungen begünstigen, weil Informationen zu negativen Nachhaltigkeitsauswirkungen oder Nebenwirkungen ausgeblendet werden. Auch verfügen sie nicht über ausreichende Ambiguitätstoleranz und Kompetenzen zum Umgang mit Zielkonflikten (Müller-Christ, 2011), um ihre Geschäftsmodelle zu reflektieren. Damit werden nicht nachhaltige Produktions- und Konsummuster begünstigt, verfestigt und verstärkt und soziale und ökologische Innovationen systematisch gehemmt („lock-out-Phänomen" siehe: Reichel, 2013). Dies ist bitte nicht als Vorwurf zu verstehen, sondern als Beschreibung einer Situation, die systemisch bedingt ist.

Wird die Beschreibung des nicht-nachhaltigen Unternehmens wieder umgedreht, so lassen sich (utopisch-idealistische) Anforderungen an ein „echtes" Nachhaltigkeitsmanagement[6] in Unternehmen ableiten. Die Praktiken eines „wirklich nachhaltigen" Unternehmens unterscheiden sich daher erheblich von den heute üblichen Geschäftspraktiken, z.B. (Brauweiler & Will, 2015; Schaltegger, 2015):

- Beseitigung offensichtlich nicht-nachhaltiger Praktiken
- Verwendung von „schwarzen Listen" von nicht-nachhaltigen Lieferanten, Materialien und Stoffen
- Wertschöpfung nicht nur für das Unternehmen und dessen Eigner und dessen Kunden, sondern für die Gesellschaft als Ganzes[7]
- Null-Emissionen: möglichst weitreichende Reduktion von direkten und indirekten negativen Auswirkungen auf die Umwelt, Kompensation von Residualauswirkungen
- Stützung einer zirkulären Kreislaufproduktion oder eines Cradle-to-Cradle-Konzeptes
- Erhöhung der Ressourcenproduktivität nicht-erneuerbarer Ressourcen um mindestens den Faktor 5 (von Weizsäcker et al., 2012)

---

6 Die Bezeichnungen „echtes" Nachhaltigkeitsmanagement und „wirklich nachhaltiges" Unternehmen beziehen sich auf aktuelle Diskussionen zu in der jüngeren Managementliteratur unter dem Stichwort „true business sustainability" (Dyllick & Muff, 2016)

7 über die Schaffung von Arbeitsplätzen und Einkommen für die Arbeitnehmer hinaus

- Provokation von Nachhaltigkeitsinnovationen in Leitmärkten und Verdrängung konventioneller Produkte als „*creative destructor*" im Schumpeter'schen Sinne
- Erzeugung eines Visionssogs, durch den andere Unternehmen versuchen, nachhaltigere Geschäftsmodelle zu imitieren, wodurch die Volkswirtschaften transformiert und Durchbrüche mit einem neuen Paradigma der starken Nachhaltigkeit eingeleitet werden

Würden diese Aspekte berücksichtigt, dann könnten (und müssten) Unternehmen eine Wachstumsstrategie verfolgen. Dabei wäre Entkopplung von sozialen und ökologischen Auswirkungen gewährleistet. Das entspräche auch dem aktuell (trotz Covid-19-Lockdown) politisch vorwärtsgetrieben „*Green Deal*"-Paradigma (Fücks, 2013; Klein, 2019).

Der Fortschritt einer Organisation in Richtung Nachhaltigkeit kann mit Reifegradmodellen („maturity models") beschrieben werden. Angesichts der oben beschriebenen unterschiedlichen Herausforderungen und Unternehmensformen ist die Metapher der „Reise" treffender („sustainability journey", Willard, 2009), da sie nicht impliziert es handele sich um einen klar vorgezeichneten Weg (von Reifegrad zu Reifegrad), sondern um eine Reise, bei der auch Umwege und Abkürzungen möglich sind und entschieden werden kann, an welchem Haltepunkt ausgestiegen wird (oder werden muss). Beispielhaft und willkürlich, es gäbe auch andere Modelle, sollen an dieser Stelle die fünf Stufen des ehemaligen IBM-Managers Bob Willard vorstellt werden (siehe Tabelle A2.2). Das Modell deutet darauf hin, dass sich ein Unternehmen auf der Nachhaltigkeitsreise von "*business-as-usual*"-Praktiken entfernt, indem es sich an Herausforderungen anpasst, Strategien aufeinander abstimmt und schließlich die Leistung verbessert. Das Modell beschreibt eine Reise angefangen bei der *Pre-Compliance (Stufe 1)* bis zum *wirklich nachhaltigen Unternehmen (Stufen 4 und 5)*. Es besitzt pragmatischen Nutzen in dem Sinne, als es eine initiale Verortung von Unternehmen unterstützt und ggf. auch einen Zielkorridor eröffnet. Es dürfte für konventionelle Unternehmen, die in konventionellen Wertschöpfungsketten eingebunden sind, eine Entwicklung bis einschließlich Stufe 4 möglich sein.

Tabelle A2.2: Stufenmodell der Sustainability journey mit Beispielen

Stufe 1: Pre-Compliance	• Nichteinhaltung und Missachtung von Vorschriften und Gesetzen (Umwelt-, Gesundheits- und Sicherheitsvorschriften) • Ausbeuterische Praktiken • Lügen- und Betrugsmethoden („lying and cheating") • Verfolgung der 3D-Strategie („deny, delay, do nothing") • Aktivitäten in Ländern mit teils korrupten Gerichtsbarkeiten ohne Durchsetzung von Standards • Hohe Risiken durch Rechts- und Reputationsrisiken
Stufe 2: Compliance	• Einhaltung von Arbeits-, Umwelt-, Gesundheits- und Sicherheitsvorschriften, um Haftungsansprüche, Geldstrafen, Strafverfolgung und schlechte PR abzuwehren • Einführung von Umweltmanagementsystemen (nach ISO 14001 oder EMAS) • Anwendung von wirksamen Politiken und Maßnahmen zum Umweltschutz und zu den Menschenrechten • End-of-Pipe-Technologien zur Reduzierung von Umweltverschmutzung • Reaktiver Ansatz, d.h. Erfüllung rechtlich bindender Anforderungen, Externalisierung und Offshoring von Umwelt- und Sozialschäden weiterhin möglich
Stufe 3: Beyond compliance	• Fokus auf „niedrig hängenden Früchten" zur Steigerung der Öko-Effizienz unter Kosten-Nutzen-Kalkülen mit geringer Amortisationsdauer • Ersatzinnovationen nach aktuellem Stand der Technik • Lieferkettenmanagement und Lieferantenauswahl nach Nachhaltigkeitskriterien • Berücksichtigung von Stakeholderinteressen • Erstellung von produktbezogenen Umweltdeklarationen und Ökobilanzen • Berücksichtigung von Nachhaltigkeitsaspekten bei Geldanlage und Investment • Umfassende Nachhaltigkeitsberichterstattung und externe Kommunikation nach anerkannten Standards
Stufe 4: Integrated Strategy	• Rebranding des Unternehmens als nachhaltiges Unternehmen • Tiefe Integration von Nachhaltigkeit in Unternehmensstrategien und -kultur • Nachhaltiges borrow-use-return Geschäftsmodell • Expliziter Beitrag zum Gemeinwohl • „Doing business, doing good"

(*fortgeführt*)

Tabelle A2.2: Fortsetzung

Stage 5: Purpose and Mission Driven	• Alle Aspekte von Stufe 4 • Unternehmensstrategie und -betrieb spiegeln Zweck und Leidenschaft wider • Missionsgetriebene Tätigkeiten: Das Ziel ist es, die Welt zu einem besseren Ort zu machen, das Mittel ist ein erfolgreiches Unternehmen • „Doing good, doing business"

Quelle: Willard, 2009, 2012

Unternehmen, welche gesetzliche Bestimmungen nicht vollumfänglich einhalten und die 3D-Strategie des „*deny, delay, do nothing*" verfolgen, werden als Unternehmen der Stufe 1 betrachtet. Gegenwärtig arbeiten immer mehr Unternehmen mit Umwelt- und Sozialmanagementsystemen (ISO 14001, ISO 50001, ISO 45000, usw.) und gelten daher als zugehörig zu Stufe 2 und Stufe 3. Echte Nachhaltigkeit geht jedoch über die Einhaltung von Rechtsvorschriften hinaus und beginnt bei Stufe 4. Unter der dogmatischen Vorbedingung der Kosteneinsparungen, der Ertragserwartung und einer geringen Amortisationsdauer, sind nur die „*low-hanging-fruits*" in einer Effizienzlogik erreichbar. Die Daseinsberechtigung der Aktivitäten und Ergebnisse des Unternehmens werden dabei nicht infrage gestellt. Widersprüche und Zielkonflikte werden verbal abgefangen, um keine Irritationen in Unternehmensstrategie und Kernprozessen zu verursachen (Müller-Christ & Giesenbauer, 2019). Das Nachhaltigkeitsmanagement eines Unternehmens fängt selten bei null an. Es sollte eine solide Grundlage für echte Nachhaltigkeit geben, nämlich die Einhaltung von Gesetzen. Wie ein Kind, kann auch ein Unternehmen nicht laufen, bevor es nicht krabbeln kann. Daher ist es ziemlich unmöglich, irgendwelche Etappen zu überspringen, wenn man versucht, Nachhaltigkeit zu einem Teil einer Organisation zu machen (siehe Tabelle A2.2). Wiederum muss bedacht werden, dass unterschiedliche Unternehmen in unterschiedlichen Branchen und Industriesektoren über unterschiedliche Potenziale und Möglichkeiten verfügen.

6. Anfänge für mehr Nachhaltigkeit in Unternehmen

Wo anfangen, und wie? Während *start-ups* die Möglichkeit haben, von Anfang an ein grünes oder gesellschaftsverträgliches („social") Geschäftsmodell aufzubauen, erscheint es aus Beratersicht empfehlenswert nicht zu viel auf einmal umkrempeln zu wollen, das hätte auch keine großen Erfolgsaussichten. Aus dem Change Management (Kotter, 2012; Lauer, 2014) ist bekannt, dass es neben vielen anderen Faktoren und der Vermittlung eines „sense of urgency" (Kotter,

2008) angeraten ist, möglichst zügig (kleinere) Maßnahmen umzusetzen, um zu zeigen, dass es geht („proof of concept“) und dass es ernst gemeint ist und nicht im Sande verlaufen wird. Es ist daher ratsam bei dem anzufangen, was schon da ist (resourcenbasierter Ansatz, Bamberger, 2015). Es lassen sich Kristallisationspunkte identifizieren, die immer schon vorhanden sind und an denen Nachhaltigkeit wachsen kann. Diese Punkte im Unternehmen können Prozesse, Produkte oder Personen sein. Beispielsweise kann ein solcher Prozess eine energie-, aufwand- oder ressourcenschonende Verfahrensweise oder Dienstleistung sein. Ebenso ist die Pflicht zur Berichtserstattung über Nachhaltigkeit und Verantwortung als möglicher Prozess zu nennen. Es kann ein Produkt sein, welches ökologischen oder sozialen Anforderungen gerecht(er) werden soll. Es kann eine Person sein, die verantwortungsvolles, unternehmerisches Handeln verfolgt oder ein Nachhaltigkeitstalent (Weinrich, 2013) ist und als Sustainable Change Agent eine nachhaltige Unternehmensentwicklung voranbringt (AtKisson, 2012).

Ein Prozess, der zur Berichtserstattung verpflichtet kann ausgebaut werden, um mehr und mehr nachhaltigkeitsbezogene Kennzahlen zu erfassen. Erste ressourcenschonende Prozesse können als *Best Practice* genutzt werden, um das Erlernte auf andere Prozesse zu übertragen oder kontinuierliche Verbesserungsprozesse (KVP) zu starten. Die neuen Produktstandards – auf Nachhaltigkeit orientiert – in Produktion, Zulieferung oder Nachnutzung können auf andere Produkte ausgeweitet werden. Personen, welche eine nachhaltige Entwicklung voranbringen, können mit Ressourcen, Entscheidungsmacht ausgestattet werden. Mit der Zeit befähigen diese dann mehr und mehr Unternehmensbereiche im Sinne der Nachhaltigkeit. Der Gedanke dahinter ist, dass wenn einmal Erfolgserlebnisse der Nachhaltigkeitsentwicklung erzielt wurden, man dieses Momentum aufgreift, sodass daraus eine stetige Dynamik wird. Der begonnene Prozess der nachhaltigen Entwicklung soll fortgesetzt werden, damit schlussendlich das Unternehmen eine Transformation hin zum nachhaltigen Unternehmen schafft. Dazu können es mehrere Kristallisationspunkte gleichzeitig sein, welche sich herausbilden. Diese können sich gegenseitig verbinden. Im Sinne einer kompletten Durchdringung einer unternehmerischen Organisation ist dies sogar das anzustrebende Ziel. Mehr und mehr Ansatzpunkte der Nachhaltigkeit verbinden sich in der unternehmerischen Organisationsstruktur, immer mehr Prozesse, Produkte oder Personen werden von einer nachhaltigen Entwicklung erfasst und verweben sich miteinander. Vergleichbar mit einem Netz, welches von einem (oder mehreren) Ausgangspunkt(en) aus immer weiter ge- und verknüpft wird. So wird das Unternehmen durchzogen mit den Überlegungen und Motiven der Nachhaltigkeit. Es baut sich ein stabiles Netzwerk, dessen Elemente sich gegenseitig stützen, aus unterschiedlichen Bereichen Impulse geben, Synergien nutzen oder neue Umwelteinflüsse auffangen, aufnehmen und in nachhaltigen unternehmerischen (Re-)Aktionen münden. Ist dieses Netz erst ausgebildet, können wiederum weitere Kristallisationspunkte zur Anknüpfung, als Anlass zur Nachhaltigkeits-Weiter-Entwicklung, gesucht, gefunden und realisiert werden.

7. Tools, Tools, Tools

Es bleibt der Frage vertiefend nachzugehen, wie Kristallisationspunkte für Nachhaltigkeit im Unternehmen erkannt und genutzt werden können. Es ist dabei davon auszugehen, dass es bereits Ansätze im Unternehmen gibt, die funktionieren und ausgebaut werden könnten. Die Möglichkeiten zur Potenzialentfaltung für mehr Nachhaltigkeit sind dann bereits an diesem Kristallisationspunkt herausgebildet. Ist dies nicht der Fall oder eine weitere Entwicklung stockt, da keine weiteren Kristallisationspunkte vorhanden sind, bieten sich verschiedene Methoden an – wobei Haltung wichtiger als Tools sind (Bamberger, 2015; Burgstaller, 2015; Schein & Schein, 2018).

Die Erfahrung der Autoren zeigen, dass immer wieder neue Handlungsfelder identifiziert werden können, indem man Kreativitätsmethoden anwendet oder systematisch nach neuen Möglichkeiten im Sinne der Nachhaltigkeitsentwicklung sucht. Dazu seien einige mögliche Werkzeuge für eine Nachhaltigkeitsentwicklung vorgestellt.

Diagnose: Sustainability SWOT

Mit einer Nachhaltigkeits-SWOT-Analyse *(Sustainability SWOT Analysis, sSWOT)* können Unternehmen im Rahmen eines Workshops, nachhaltigkeitsbezogene Risiken einschätzen, die eigenen Strategien prüfen und Maßnahmen zur deren Bewältigung vorantreiben (Gerlach, 2020; Metzger et al., 2012; Purwaningsih et al., 2018). Dabei wird eine klassische SWOT-Analyse mit den Herausforderungen und Trends der Nachhaltigkeit kombiniert, um daraus weitere Schritte abzuleiten. Sie kann helfen Kolleg*innen zu engagieren und zu motivieren, insbesondere diejenigen mit begrenzten Kenntnissen zu Umweltfragen oder Nachhaltigkeit von Unternehmen. Neben dem analytischen Aspekt, eignet sich die sSWOT wegen der übersichtlichen Darstellungsweise (siehe Abbildung A2.3) als Kommunikationsinstrument, um Kolleg*innen und Entscheidungsträger*innen (z.B. leitende Manager, CEOs, CFOs oder Vorstände der Direktoren) davon zu überzeugen, dass die Herausforderungen nicht so weit entfernt sind von den Kerninteressen ihres Unternehmens, wie häufig angenommen wird.

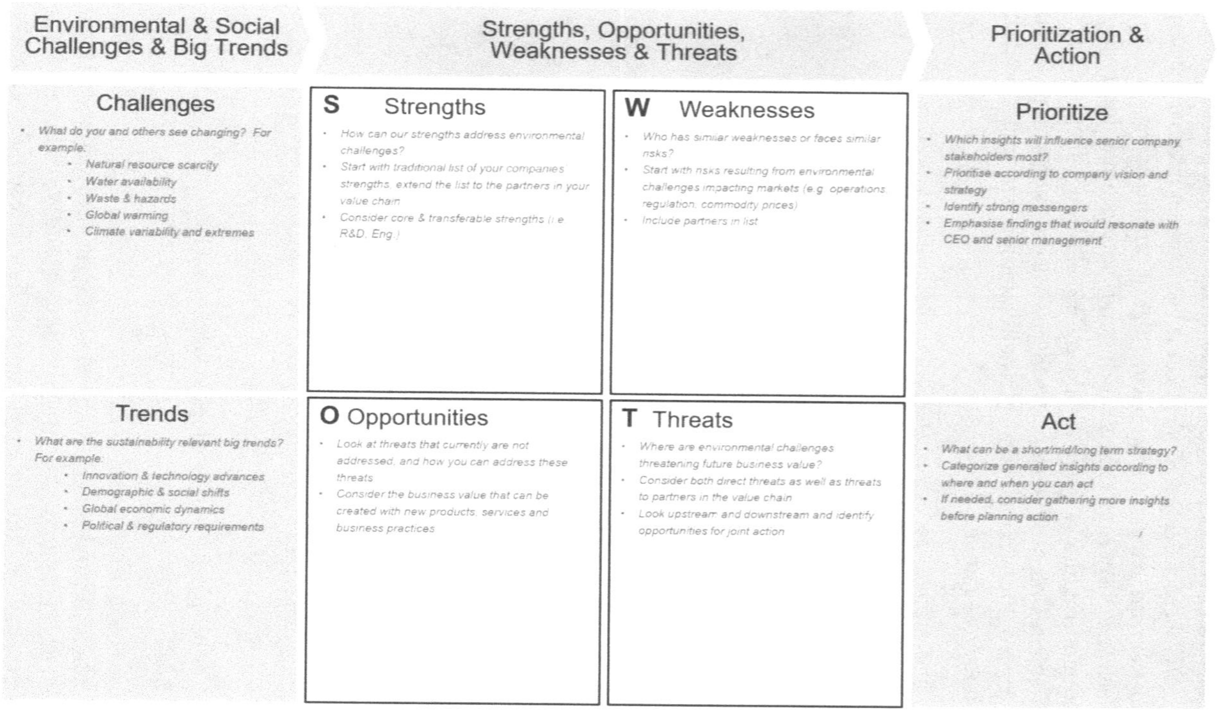

Abbildung A2.3: Vorlage für eine SWOT

Quelle: *Gerlach 2020 und Threebility aufbauend auf (Metzger et al., 2012), lizenziert nach Creative Commons Attribution-ShareAlike 4.0 International License)*

Nützlich ist es, wenn bei den „*big trends*" auch die 17 Ziele zur Nachhaltigen Entwicklung der Vereinten Nationen (Sustainable Development Goals der United Nations, SDG) berücksichtigt werden. Diese bieten einen insgesamt guten Rahmen, um sich mit Aspekten der Nachhaltigkeit auseinander zu setzen, wobei die Relevanz wiederum nach Branche und Unternehmensform variiert (indirekt, moderat, direkt, siehe Abbildung A2.4). Mit der Fragestellung, welchen Beitrag ein Unternehmen zur jeweiligen Zielerreichung leisten kann, identifiziert man schlussendlich neue Kristallisationspunkte und erweitert Sichtweisen und Denkräume.

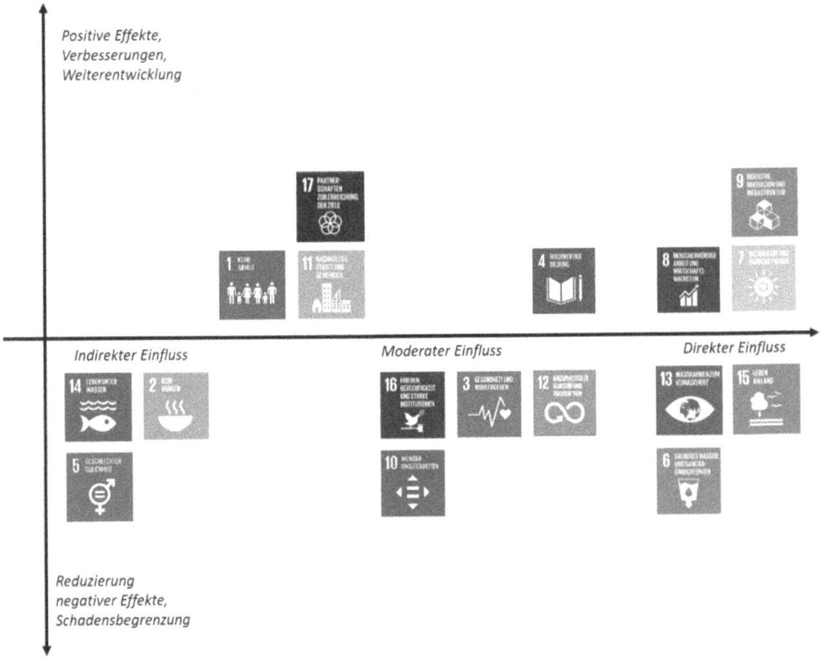

Abbildung A2.4: Beispiel zur Abschätzung des Beitrags zu SDGs
Quelle: *eigene Grafik*

Eine weitere nützliche und pragmatische Methode zur methodischen Unterfütterung stellt das Sustainable Design Thinkings dar. Die Wurzeln des Design Thinkings liegen im Produktdesign, wo innovative Produkte so gestaltet werden sollen, dass sie die Bedürfnisse der Menschen erfüllen können, die das Produkt anwenden sollen (Boy, 2012; IDEO (Firm), 2015). Im Sinne eines partizipativen Designs (oft auch als Co-Design bezeichnet) wurde versucht, Interessengruppen, Endnutzende und das breitere Projektteam aktiv in den Designprozess einzubeziehen. Dieser Ansatz erfreut sich seit einigen Jahren auch im Bereich strategischen Management einiger Beliebtheit und wurde über die Design-Ergebnisse hinaus erweitert. Besonders, wenn im Managementumfeld mit „verzwickten Problemen" umgegangen werden soll und bei denen nur eine schrittweise (inkrementelle) Lösungsbearbeitung nötig ist. Dabei ist Design Thinking kein starrer Prozess, sondern eher ein Rahmen, der kreative und analytische Modi von Argumentationen, bestimmte Denkweisen, sowie verschiedene praktische Hilfsmittel, Methodiken und Techniken beinhaltet (Buhl et al., 2019; Liedtka, 2015). DT-basierte Analysen beginnen typischerweise mit einer *(1) Sondierungsphase*, die dazu dient ein Verständnis des gegebenen Problems zu erlangen und ein Einfühlungsvermögen (Empathie) zu entwickeln und dabei die Nutzer und deren Bedürfnisse zu berücksichtigen (Buhl et al., 2019; IDEO (Firm), 2015). Dieses Vorgehen ist nützlich, um einen angemessenen Problemrahmen definieren zu können. Während der *(2) Phase der Ideenfindung* sollen die Beteiligten möglichst viele Ideen schlagwortartig sammeln, die das Problem des Benutzers lösen könnten. Hierzu gibt es eine Vielzahl von Kreativ- und Sammlungsmethoden, von denen das Brainstorming, WPI (worst-possible-idea)[8] oder SCAMPER (Substitute, Combine, Adapt, Modify, Put, Eliminate, Reverse) zu den bekanntesten zählen (Eberle, 1996; Mueller-Roterberg, 2018; Osborn, 1942). Es geht hier darum so viele Ideen oder Problemlösungen wie möglich zu erhalten, die dann genauer untersucht und getestet werden können. In der *(3) Phase des Experimentierens* werden die vielversprechendsten Ideen ausgewählt und prototypisch umgesetzt. Es geht dabei nicht um hohe Ambitionen und Perfektionen, sondern eher um „quick-and-dirty" und darum rasch erste Lösungskonzepte zu erstellen anstatt viel Zeit in detaillierten Spezifikationen zu investieren. Die Prototypen können innerhalb des Teams selbst, in anderen Abteilungen oder in einer kleinen Gruppe von Personen außerhalb des Designteams gemeinsam genutzt und getestet werden. Die Phase hat experimentellen Charakter, deren Ziel es ist, bestmögliche Lösung(en) für jedes der in den vorherigen Phasen identifizierten Problem zu ermitteln und diese Lösungen schnell zu implementieren. In der *(4) Testphase*, sollen die Prototypen möglichst unter Einbeziehung der Anwendergruppen untersucht werden. Auf der Grundlage können Erfahrungen gesammelt werden, was entweder akzeptiert,

8 https://www.interaction-design.org/literature/topics/worst-possible-idea (2020-04-01)

verbessert und erneut geprüft oder abgelehnt werden kann. Am Ende dieser Phase wird das Designteam eine bessere Vorstellung von den dem Produkt innewohnenden Zwängen und den vorhandenen Problemen haben und eine klarere Vorstellung davon haben, wie sich echte Benutzer bei der Interaktion mit dem Endprodukt verhalten, denken und fühlen würden (Friis Dam & Teo, 2020). Der DT-Prozess wird in der Praxis flexibler und nicht-linearer gehandhabt als in Abbildung A2.5 angedeutet. So können zum Beispiel verschiedene Gruppen innerhalb des Designteams mehr als eine Phase gleichzeitig durchführen, oder die Designer können während des gesamten Projekts Informationen und Prototypen sammeln, damit sie ihre Ideen zum Leben erwecken und die Problemlösungen visualisieren können. Auch können die Ergebnisse der Testphase einige Erkenntnisse über die Benutzer offenbaren, was wiederum zu einer weiteren Brainstorming-Sitzung (Ideate) oder zur Entwicklung neuer Prototypen (Prototype) führen kann (Friis Dam & Teo, 2020).

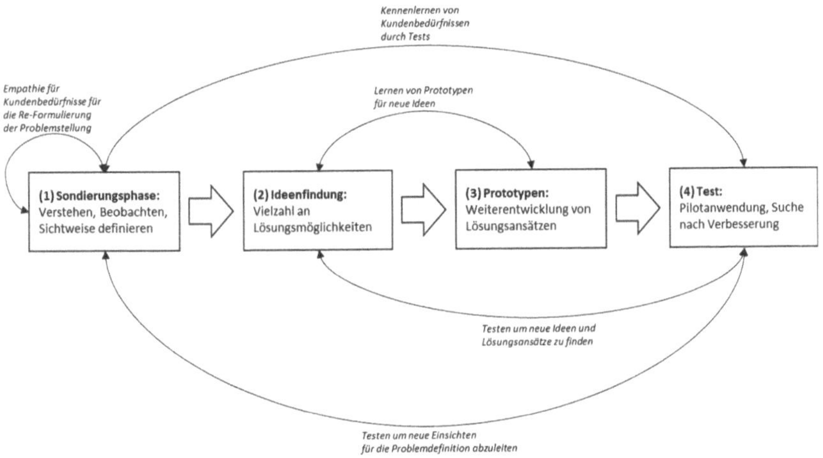

Abbildung A2.5: Stufen eines DT-Prozesses
Quelle: *nach Friis Dam & Teo, 2020)*

Für das Sustainable Design Thinking wird zunächst ein nachhaltiger Entwicklungspfad abgesteckt, z.B. in Form der (nachhaltigen) Unternehmensvision. Oder es wird sich auf einen Bereich der Nachhaltigkeit, z.B. an den SDG fokussiert. Dann wird mit typischen Methoden, Problemstatements, Sprints und Kreativitätsmethoden mindestens eine anwenderorientierte Lösung entwickelt, welche einen Beitrag zur nachhaltigen Unternehmensentwicklung liefert.

Geschäftsmodell-Analyse – Triple Layered Business Model Canvas

Bei der Entwicklung und Analyse von Geschäftsmodellen, insbesondere auch im Bereich der Start-Up-Förderung, gehört die *"Canvas"-Methode* (Osterwalder et al., 2010) zu den gängigen und weit verbreiteten Verfahren im strategischen Management und auch im Beratungskontext. Der Canvas, zu Deutsch Leinwand, ist eine tabellarische Vorlage, die in Workshop-Settings angewendet wird, um Elemente von Geschäftsmodellen (Kundennutzen, Kosten, Einnahmen, Kundengruppen, Kommunikations- und Vertriebskanäle, Ressourcen, usw.) zu identifizieren. Der Ansatz wurde von verschiedenen Autoren auf den Kontext des Nachhaltigkeitsmanagements übertragen (N. Bocken et al., 2019; N. M. P. Bocken et al., 2014; Boons & Lüdeke-Freund, 2013; Joyce & Paquin, 2016; Lüdeke-Freund et al., 2018). Dies nimmt dann häufig die Form von drei Schichten an *(„layers")*, die dann jeweils eine Nachhaltigkeitsdimension aufnehmen (Joyce & Paquin, 2016), wie in Abbildung A2.6 dargestellt.

Der *"economic layer"* umfasst die Kategorien der herkömmlichen Aspekte, die in der Entwicklung von Geschäftsmodellen berücksichtigt werden sollten (Osterwalder et al., 2010). Im *„environmental layer"* sollen die möglichen (positiven und negativen) Umweltauswirkungen strukturiert gesammelt werden. Dabei wird eine Lebensweg-Perspektive angelegt, um vorgelagerte Produktionsketten (Rohstoffabbau und zugelieferte Materialien), die Herstellung von Produkten am Standort selbst sowie die nachgelagerten Ketten (Vertrieb, Transport zum Point-of-Sale, Nutzung beim Kunden und Entsorgung) einbeziehen zu können. Der *„social stakeholder layer"* umfasst nach außen und nach innen gerichtete Tätigkeiten des Unternehmens, die Auswirkungen auf Interessensgruppen und Stakeholder betreffen. Die einzelnen Layer können (und sollten) für eine Anwendung jeweils kontextualisiert werden.

8. Schluss

Die Praxiserfahrungen der Autoren unterstreichen, dass Herangehensweisen und Methoden wie oben beschrieben immer wieder Kristallisationspunkte für verschiedene Organisationen liefern, um Entwicklung in Richtung der Nachhaltigkeit anzustoßen oder fortzusetzen. Freilich sind die beschriebenen Instrumente eher willkürlich aus dem verfügbaren Methodenarsenal herausgepickt. Jedoch haben sie sich „da draußen" bewährt: egal, ob es um eine Nachhaltigkeits-Fortentwicklung oder einem grundsätzlichen „einfach mal anfangen" geht. Sie schaffen einen Zugang zur Nachhaltigkeit und helfen Kristallisationspunkte zu identifizieren und Lösungsansätze zu generieren. Tools

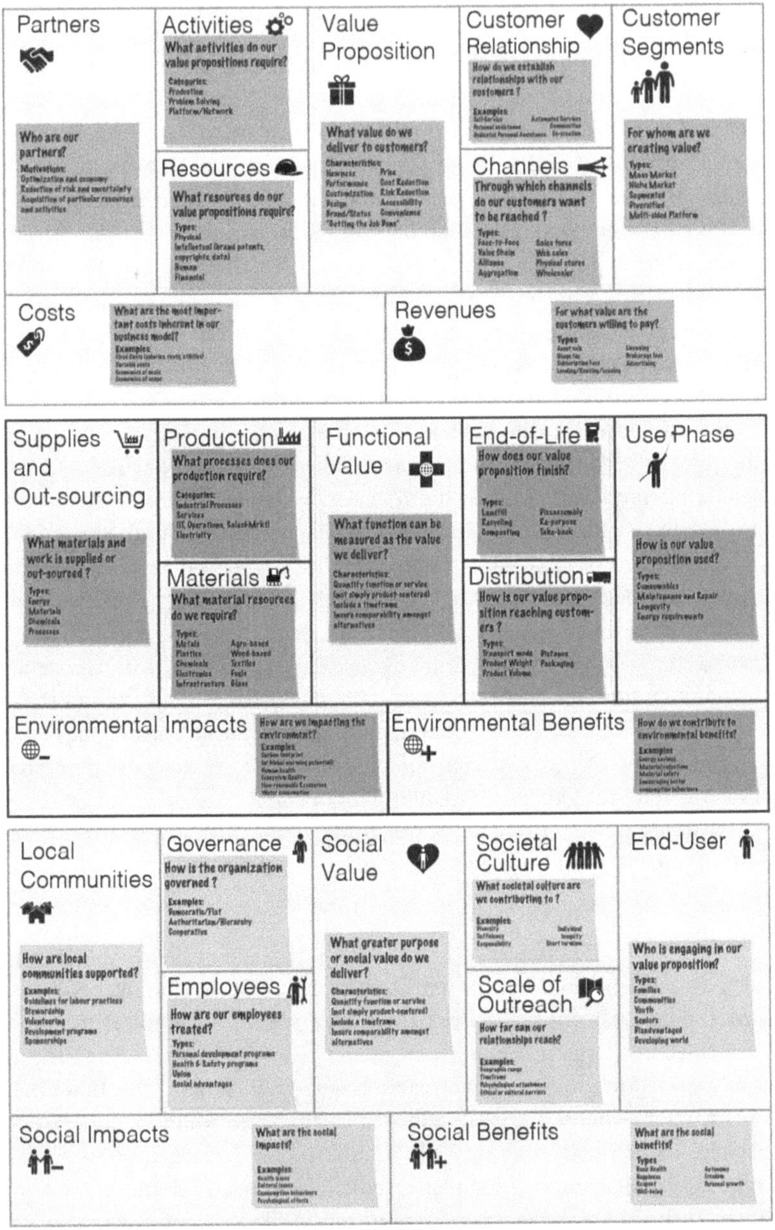

Abbildung A2.6: TLBMC – Triple Layer Business Model Canvas

Quelle: *(Joyce & Paquin, 2016) nach (Osterwalder et al., 2010); Abbildung erstellt von Alexandre Joyce, lizenziert unter Creative Commons*

sind jedoch nicht alles, wichtiger ist das gemeinsame Lernen und die Befähigung von (künftigen) Change Agents unter Rücksicht auf vorhandene Ressourcen Kristallisationspunkte zu erkennen und Lösungsansätze zu entwickeln. Die Antworten auf Fragen der Nachhaltigkeit, so die Überzeugung der Autoren, liegen grundsätzlich im Unternehmen und dort bereits vor. Mittels mäeutischer Methoden werden die Antworten herausgearbeitet und nachhaltige Entwicklung „von innen" und basierend auf bestehenden Ressourcen ermöglicht. Dies stärkt die Selbsterfahrung der Mitarbeitenden und kreiert damit, so das Kalkül, eine dauerhafte Motivation. Nach Ansicht der Autoren kann durch externe Begleitung eine Hilfe zur Selbsthilfe entwickelt werden.

Literatur

Anderson, R. C., & White, R. (2009): Confessions of a Radical Industrialist: Profits, People, Purpose–Doing Business by Respecting the Earth. St. Martin's Publishing Group.

AtKisson, A. (2012). *The ISIS Agreement: How Sustainability Can Improve Organizational Performance and Transform the World.* Taylor & Francis.

Bamberger, G. G. (2015). *Lösungsorientierte Beratung: Praxishandbuch. Mit E-Book Inside und Arbeitsmaterial.* Beltz.

Barrett, R. (2013). *The Values-Driven Organization: Unleashing Human Potential for Performance and Profit.* Taylor & Francis.

Beer, S. (2002). What is cybernetics? *Kybernetes, 31*(2), 209–219. https://doi.org/10.1108/03684920210417283

Bell, J., Soybel, V. E., & Turner, R. M. (2012). Integrating sustainability into corporate DNA. *Journal of Corporate Accounting & Finance, 23*(3), 71–82. https://doi.org/10.1002/jcaf.21755

Benn, S., Edwards, M., & Williams, T. (2014). *Organizational Change for Corporate Sustainability.* Taylor & Francis.

Bini, L., & Bellucci, M. (2019). *Integrated Sustainability Reporting: Linking Environmental and Social Information to Value Creation Processes.* Springer International Publishing.

Bocken, N. M. P., Short, S. W., Rana, P., & Evans, S. (2014). A literature and practice review to develop sustainable business model archetypes. *Journal of Cleaner Production, 65*, 42–56. https://doi.org/10.1016/j.jclepro.2013.11.039

Bocken, N., Strupeit, L., Whalen, K., & Nussholz, J. (2019). A Review and Evaluation of Circular Business Model Innovation Tools. *Sustainability, 11*(8), 2210. https://doi.org/10.3390/su11082210

Boons, F., & Lüdeke-Freund, F. (2013). Business models for sustainable innovation: State-of-the-art and steps towards a research agenda. *Journal of Cleaner Production, 45*, 9–19. https://doi.org/10.1016/j.jclepro.2012.07.007

Boos, A., Brönneke, T., & Wechsler, A. (2019). *Konsum und nachhaltige Entwicklung: Verbraucherpolitik neu denken*. Nomos Verlag.

Boy, G. (2012). *Orchestrating Human-Centered Design*. Springer London.

Brauweiler, J., & Will, M. (2015). *Was bedeutet Biokratie für Unternehmen?* (G. Winter & E. Seidel, Hrsg.). Metropolis-Verlag.

Buhl, A., Schmidt-Keilich, M., Muster, V., Blazejewski, S., Schrader, U., Harrach, C., Schäfer, M., & Süßbauer, E. (2019). Design thinking for sustainability: Why and how design thinking can foster sustainability-oriented innovation development. *Journal of Cleaner Production, 231*. https://doi.org/10.1016/j.jclepro.2019.05.259

Bulgarella, C. (2018). *Purpose-Driven Companies Evolve Faster Than Others*. https://www.forbes.com/sites/caterinabulgarella/2018/09/21/purpose-driven-companies-evolve-faster-than-others/#2b5d3dc655bc (2020-04-20)

Burgstaller, S. (2015). *Lösungsfokus in Organisationen: Zukunftsorientiert beraten und führen*. Auer-System-Verlag Carl.

Cohen, B., & Muñoz, P. (2015). Toward a Theory of Purpose-Driven Urban Entrepreneurship. *Organization & Environment, 28*(3), 264–285. https://doi.org/10.1177/1086026615600883

Dethloff, C. (2020, April 16). Purpose? Habe ich: Am „Leben" bleiben! – Blog – t2informatik. *t2informatik GmbH*. https://t2informatik.de/blog/prozesse-methoden/purpose-habe-ich-am-leben-bleiben/

Dyllick, T., & Muff, K. (2016). Clarifying the Meaning of Sustainable Business: Introducing a Typology From Business-as-Usual to True Business Sustainability. *Organization & Environment, 29*(2), 156–174. https://doi.org/10.1177/1086026615575176

Eberle, B. (1996). *Scamper: Games for Imagination Development*. Prufrock Press.

Fichter, K. (2005). *Interpreneurship: Nachhaltigkeitsinnovationen in interaktiven Perspektiven eines vernetzenden Unternehmertums*. Metropolis-Verlag.

Fichter, K., Beucker, S., Noack, T., & Springer, S. (2007). *Entstehungspfade von Nachhaltigkeitsinnovationen: Fallstudien und Szenarien zu Einflussfaktoren, Schlüsselakteuren und Internetunterstützung*. IRB Verlag.

Fichter, Klaus, & Olteanu, Y. (2019). *Green Startup Monitor 2018 (English Version)*.

Friis Dam, R., & Teo, Y. S. (2020). *5 Stages in the Design Thinking Process | Interaction Design Foundation*. https://www.interaction-design.org/literature/article/5-stages-in-the-design-thinking-process (2020-03-04)

Fücks, R. (2013). *Intelligent wachsen: Die grüne Revolution*. Hanser.

Fürstenwerth, H. (2003). *Wollen und Können sind unverzichtbare Bestandteile der Technikgestaltung* (S. 203–215). https://doi.org/10.1007/978-3-642-55473-5_12

Gatterer, H., Huber, T., & Almasy, C. (2012). *Megatrend-Dokumentation*. Zukunftsinstitut.

Gerlach, R. (2020). *The Sustainability SWOT Analysis—A tool for Strategic Sustainability Management & Innovation*. https://www.threebility.com/post/the-sustainability-swot-analysis (2020-03-04)

Göpel, M. (2016). *The Great Mindshift: How a New Economic Paradigm and Sustainability Transformations go Hand in Hand*. Springer International Publishing.

Hacker, J. S., & Pierson, P. (2017). *American Amnesia: How the War on Government Led Us to Forget What Made America Prosper*. Simon & Schuster.

Hall, P. A., & Soskice, D. (2001). *Varieties of Capitalism: The Institutional Foundations of Comparative Advantage*. Oxford University Press. http://www.amazon.com/Varieties-Capitalism-Institutional-Foundations-Comparative/dp/0199247757

Horx, T., & Zukunftsinstitut. (2018). *Megatrend Dokumentation*. Zukunftsinstitut.

IDEO (Firm). (2015). *The Field Guide to Human-centered Design: Design Kit*. IDEO.

Joyce, A., & Paquin, R. L. (2016). The triple layered business model canvas: A tool to design more sustainable business models. *Journal of Cleaner Production, 135*, 1474–1486. https://doi.org/10.1016/j.jclepro.2016.06.067

Klein, N. (2019). *On Fire: The (Burning) Case for a Green New Deal*. Simon & Schuster.

Kotter, J. P. (2008). *A Sense of Urgency*. Harvard Business Press.

Kotter, J. P. (2012). *Leading Change*. Harvard Business Review Press.

Laloux, F., & Wilber, K. (2014). *Reinventing Organizations: A Guide to Creating Organizations Inspired by the Next Stage in Human Consciousness*. Nelson Parker.

Laszlo, C., & Zhexembayeva, N. (2017). *Embedded Sustainability: The Next Big Competitive Advantage*. Taylor & Francis.

Lauer, T. (2014). *Change Management: Grundlagen und Erfolgsfaktoren*. Springer Berlin Heidelberg.

Liedtka, J. (2015). Perspective: Linking Design Thinking with Innovation Outcomes through Cognitive Bias Reduction. *Journal of Product Innovation Management, 32*(6), 925–938. https://doi.org/10.1111/jpim.12163

Lovins, L. H., & Goodstein, E. (2013). *Climate Capitalism*. Island Press.

Lovins, L. H., Wallis, S., Wijkman, A., Fullerton, J., & Raworth, K. (2018). *A Finer Future: Creating an Economy in Service to Life*. New Society Publishers.

Lüdeke-Freund, F., Carroux, S., Joyce, A., Massa, L., & Breuer, H. (2018). The sustainable business model pattern taxonomy—45 patterns to support sustainability-oriented business model innovation. *Sustainable Production and Consumption, 15*, 145–162. https://doi.org/10.1016/j.spc.2018.06.004

Metzger, E., Putt del Pino, S., Prowitt, S., Goodward, J., & Perara, A. (2012). *SSWOT – A Sustainability SWOT. Users Guide*. WRI – World Resources Institute.

Mueller-Roterberg, C. (2018). *Handbook of Design Thinking: Tips & Tools for How to Design Thinking*. Amazon Digital Services LLC – Kdp Print Us.

Müller-Christ, G. (2011). *Sustainable Management: Coping with the Dilemmas of Resource-Oriented Management*. Springer Berlin Heidelberg.

Müller-Christ, Georg, & Giesenbauer, B. (2019). Konturen eines integralen Nachhaltigkeitsmanagements. In M. Englert & A. Ternès (Hrsg.), *Nachhaltiges Management: Nachhaltigkeit als exzellenten Managementansatz entwickeln* (S. 231–248). Springer. https://doi.org/10.1007/978-3-662-57693-9_12

Nassehi, A. (2018). *Die letzte Stunde der Wahrheit: Kritik der komplexitätsvergessenen Vernunft*. kursbuch.edition.

Osborn, A. F. (1942). *How to Think Up*. McGraw-Hill.

Osterwalder, A., Pigneur, Y., & Clark, T. (2010). *Business Model Generation: A Handbook for Visionaries, Game Changers, and Challengers*. Wiley.

Platje, J. (2015). Beyond resilience – new institutional economics, fragilities and indicators of unsustainability. *Central and Eastern European Journal of Management and Economics (CEEJME), 3*, 295–315.

Posse, D. (2015). *Zukunftsfähige Unternehmen in einer Postwachstumsgesellschaft. Eine theoretische und empirische Untersuchung*. Vereinigung für Ökologische Ökonomie. http://hdl.handle.net/10419/110257

Purwaningsih, R., Cahyantari, A. E., Ariyani, Z., Susanty, A., Arvianto, A., & Santoso, H. (2018). Product-service system method to measure sustainability level of traditional smoked fish processing industries. *MATEC Web Conf., 154*, 01062. https://doi.org/10.1051/matecconf/201815401062

Ram Nidumolu, C. K. P. (2009, September 1). Why Sustainability Is Now the Key Driver of Innovation. *Harvard Business Review, September 2009*. https://hbr.org/2009/09/why-sustainability-is-now-the-key-driver-of-innovation

Raworth, K. (2017). *Doughnut Economics: Seven Ways to Think Like a 21st-Century Economist*. Chelsea Green Publishing.

Reichel, M. (2013). *Markteinführung von erneuerbaren Energien: Lock-Out-Effekte und innovationspolitische Konsequenzen für die elektrische Wind- und Solarenergienutzung*. Deutscher Universitätsverlag.

Rifkin, J. (2011). *The Third Industrial Revolution: How Lateral Power Is Transforming Energy, the Economy, and the World*. St. Martin's Publishing Group.

Rifkin, J. (2019). *The Green New Deal: Why the Fossil Fuel Civilization Will Collapse by 2028, and the Bold Economic Plan to Save Life on Earth*. St. Martin's Publishing Group. https://books.google.de/books?id=KkCLDwAAQBAJ

Robert, K. H., Robèrt, K. H., & Anderson, R. (2002). *The Natural Step Story: Seeding a Quiet Revolution*. New Society Publishers.

Schaltegger, S. (2015). Die Beziehung zwischen CSR und Corporate Sustainability. In A. Schneider & R. Schmidpeter (Hrsg.), *Corporate Social Responsibility: Verantwortungsvolle Unternehmensführung in Theorie und Praxis* (S. 199–209). Springer. https://doi.org/10.1007/978-3-662-43483-3_13

Schaltegger, S., & Figge, F. (1998). *Schaltegger, S. and Figge, F. (1998): Environmental Shareholder Value, Basel: WWZ-Report 54. ISBN 3-909162-.*

Schein, E. H., & Schein, P. A. (2018). *Humble Leadership: The Power of Relationships, Openness, and Trust*. Berrett-Koehler Publishers.

Schmeltz, L. (2012). Consumer-oriented CSR communication: Focusing on ability or morality? *Corporate Communications: An International Journal*, *17*(1), 29–49. https://doi.org/10.1108/13563281211196344

Schneidewind, U., Wiegandt, K., & Welzer, H. (2018). *Die Große Transformation: Eine Einführung in die Kunst gesellschaftlichen Wandels*. FISCHER E-Books.

Schreyögg, G. (2013). In der Sackgasse: Organisationale Pfadabhängigkeit und ihre Folgen. *OrganisationsEntwicklung*, *1/2013*, 21–28.

Schulz, O. (2012). Nachhaltige ganzheitliche Wertschöpfungsketten. In A. Schneider & R. Schmidpeter (Hrsg.), *Corporate Social Responsibility: Verantwortungsvolle Unternehmensführung in Theorie und Praxis* (S. 271–284). Springer Berlin Heidelberg. https://doi.org/10.1007/978-3-642-25399-7_18

Senge, P. M., Smith, B., Laur, J., Kruschwitz, N., & Schley, S. (2011). *The Necessary Revolution: How Individuals and Organizations are Working Together to Create a Sustainable World*. John Murray Press.

van Dam, Y. (2017). The seductive logic of subtractive sustainability: Reflections on sustainable socio-economic development. *The Central European Review of Economics and Management*, *16*, 19. https://doi.org/10.29015/cerem.305

von Weizsäcker, E. U., Hargroves, K., & Smith, M. (2012). *Faktor Fünf: Die Formel für nachhaltiges Wachstum*. Knaur eBook.

Walls, H. L. (2018). Wicked problems and a 'wicked' solution. *Globalization and Health*, *14*(1), 34. https://doi.org/10.1186/s12992-018-0353-x

Weinrich, K. (2013). *Nachhaltigkeit im Employer Branding: Eine verhaltenstheoretische Analyse und Implikationen für die Markenführung.* Springer Fachmedien Wiesbaden.

Will, M. (2017). A sustainable company is possible – some case studies and a maturity model. In L. Velazquez, *International Sustainability Stories: Enhancing Good Practices.* Universidad de Sonora.

Willard, B. (2009). *The Sustainability Champion's Guidebook: How to Transform Your Company.* New Society Publishers.

Willard, B. (2012). *The New Sustainability Advantage: Seven Business Case Benefits of a Triple Bottom Line.* New Society Publishers.

Wunder, T. (2019). *Rethinking Strategic Management Sustainable Strategizing for Positive Impact: Sustainable Strategizing for Positive Impact.* https://doi.org/10.1007/978-3-030-06014-5

Yunus, M. (2010). *Building Social Business: The New Kind of Capitalism That Serves Humanity's Most Pressing Needs.* ReadHowYouWant.com, Limited.

Uta Kirschten

Nachhaltige Transformationsprozesse in Betrieben

1. Einführung

Immer mehr Betriebe setzen sich ernsthaft und umfassend mit der nachhaltigen Entwicklung ihres betrieblichen Handelns und einer Corporate Social Responsibility auseinander. Sie streben nach einer Verringerung der ökologischen Belastungen ihrer Leistungserstellung, der Sicherstellung sozial gerechter Arbeitsbedingungen und schaffen es dabei trotzdem, wirtschaftlich erfolgreich zu sein. Dabei ist die nachhaltige Entwicklung von Betrieben und der Aufbau eines betrieblichen Nachhaltigkeitsmanagements meist ein längerfristiger Transformationsprozess, in dem ökologische, soziale und ökonomische Verbesserungen nach und nach erreicht werden, in Teilbereichen Rückschläge zu verkraften sind und die Betriebe auch mit Zielkonkurrenzen zwischen den verschiedenen ökologischen, ökonomischen und sozialen Nachhaltigkeitsdimensionen, sog. Nachhaltigkeitsdilemmata, umgehen müssen.

Welche Anforderungen stellt ein nachhaltiger Transformationsprozess an die Betriebe und die handelnden Akteure? Und welche Kompetenzen benötigen die betrieblichen Akteure, um nachhaltige Transformationsprozesse zu bewältigen und auch mit Zielkonflikten und Nachhaltigkeitsdilemmata umzugehen?

2. Zum Begriff der Transformation

Der Begriff der Transformation beschreibt einen grundlegenden Wandel der wirtschaftlichen, institutionellen und sozialen Bedingungen des menschlichen Zusammenlebens und geht u.a. auf den Sozialwissenschaftler Karl Polanyi (1944; 2017) zurück. Polanyi analysiert in seinem Buch „The Great Transformation“ von 1944 die Gefahren von kapitalistischen Märkten für die Gesellschaft (vgl. Polanyi 2017, S. 208f.). Dabei thematisiert Polanyi die Einbettung der Wirtschaft in die Gesellschaft und die gesellschaftlichen und politischen Gestaltungsmöglichkeiten der Wirtschaft (vgl. Polanyi 2017: 329f).

In der Transformationsforschung bezeichnet der Begriff der Transformation häufig tiefgreifende wirtschaftliche und gesellschaftliche Veränderungsprozesse. Wie z.B. die digitale Transformation, die Transformation der Erwerbsgesellschaft oder auch die nachhaltige Transformation der Gesellschaft (UBA

2019, S. 7). Das Umweltbundesamt versteht unter einer nachhaltigen Transformation einen „tiefgreifenden und längerfristigen Wandel von Rahmenbedingungen in Richtung Nachhaltigkeit, die das gesellschaftliche Zusammenleben prägen." (UBA 2019, S. 7). Dazu gehören komplexe Wandelprozesse mit großer Eingriffstiefe, die zur Veränderung gesellschaftlicher Systeme führen (vgl. Wittmayer und Hölscher 2017, S. 41). Transformationen sind Zukunftsaufgaben mit umfangreichen Gestaltungsspielräumen, die gesellschaftliche, wirtschaftliche und politische Akteure für grundlegende Veränderungen von Wirtschaft und Gesellschaft nutzen können. Bezogen auf eine nachhaltige Transformation kommt dabei gesamtgesellschaftlichen sozialen, ökologischen und technologischen Lernprozessen eine besondere Bedeutung zu, um das Alltagshandeln aber auch das Wirtschaften und die sozialen Strukturen ökologisch und sozial verträglicher zu gestalten (vgl. Kristof 2016, S. 192; Hübner 2015, S. 45; Remig et al. 2012). Damit können nachhaltige Transformationen als grundlegende, ineinandergreifende und sich wechselseitig beeinflussende und verstärkende ökologische, soziale, technologische und ökonomische Veränderungen von Politik, Konsum, Infrastrukturen, Technologien und Produktion verstanden werden, die zu einem beständigen Wandel führen und der Befriedigung gesellschaftlicher Bedürfnisse z.B. nach Kommunikation, Mobilität oder Ernährung dienen (vgl. UBA 2019, S. 9).

Auch Betriebe können nachhaltige Transformationen initiieren, wenn sie betriebsweite Wandelprozesse umsetzen, um dadurch ihre betriebliche Tätigkeit selbst, aber auch die Auswirkungen ihres betrieblichen Handelns auf die Gesellschaft, die Beschäftigten, die Konsumenten und die Märkte grundlegend zu verändern. Mit derartigen nachhaltigen Transformationsprozessen beschäftigt sich das nächste Kapitel.

3. Nachhaltige Transformationsprozesse in Betrieben

Der Aufbau eines betrieblichen Nachhaltigkeitsmanagements, d.h. die ökologisch verträgliche, sozial gerechte und wirtschaftlich leistungsfähige Gestaltung der betrieblichen Tätigkeit wird hier als längerfristiger Transformationsprozess verstanden. Um einen nachhaltigen Transformationsprozess zu initiieren, muss das betriebliche Nachhaltigkeitsmanagement in der Vision, der Geschäftspolitik und in den Leitlinien des Betriebes verankert werden. Die Geschäftsleitung hat die Aufgabe, grundlegende Strategien für das betriebliche Nachhaltigkeitsmanagement zu entwickeln und in allen Geschäftsfeldern und Funktionsbereichen des Betriebes systematisch zu integrieren. Daraus entwickeln die verschiedenen Geschäftsfelder und Funktionsbereiche wiederum eigene Strategien, Transformationsprojekte und konkrete Maßnahmen zur Umsetzung des nachhaltigen Transformationsprozesses. Letztlich sind es die Mitarbeitenden im Betrieb, die die konkreten ökologischen, ökonomischen und sozialen Maßnahmen des nachhaltigen Transformationsprozesses in ihren jeweiligen Aufgabenbereichen umsetzen und im Tagesgeschäft „leben". Insgesamt ist solch ein umfassender nachhaltiger Transformationsprozess ein längerfristiger grundlegender Veränderungsprozess des Betriebes. Mittlerweile existieren verschiedene Ansätze, Strategien und Instrumente, um ein betriebliches Nachhaltigkeitsmanagements in allen Funktionsbereichen, aber auch als Querschnittsthema strategisch und operativ in Betrieben zu implementieren (vgl. z.B. Pufé 2017; Baumast und Pape 2020; Fischer, Eireiner und Weber 2019; Fellner, Mayr und Pirklbauer 2015).

Transformationsprozesse hin zu einer nachhaltigen Entwicklung und zur Erreichung wesentlicher Nachhaltigkeitsziele (wie z.B. mehr Klimaschutz, Vermeidung des Biodiversitätsverlustes, nachhaltige Produktions- und Konsumweisen, sozial verträgliche Arbeit, Chancengleichheit) weisen häufig eine hohe inhaltliche Komplexität und große Unsicherheit hinsichtlich der Bewertung möglicher zielführender Veränderungsprozesse und möglicher Handlungsalternativen auf. Dies birgt die Gefahr der Konkurrenz verschiedener ökonomischer, ökologischer, technologischer und sozialer Nachhaltigkeitsziele, die bei der Entscheidung für bestimmte Transformationsprozesse oder Handlungsalternativen vielleicht nicht gleichberechtigt berücksichtigt werden können. Meist kann eine nachhaltige Transformation durch unterschiedlicher Handlungsoptionen erreicht werden, die jeweils hinsichtlich ihrer nachhaltigen Wirkungen und Zielerreichung bewertet werden müssen. Ergibt die Bewertung der verschiedenen Handlungsalternativen unterschiedliche starke Ausprägungen im Hinblick auf die Erreichung ökologischer, ökonomischer und sozialer Ziele, so fällt die Entscheidung für die eine richtige Handlungsstrategie zur Umsetzung der betrieblichen Transformation schwer. Aus dieser inhaltlichen Komplexität der Bewertung möglicher Handlungsalternativen und der notwendigen Entscheidung für eine grundlegende Handlungsstrategie können für die handelnden Akteure sog. Nachhaltigkeitsdilemmata entstehen (vgl. UBA 2019, S. 9). Diese Nachhaltigkeitsdilemmata manifestieren sich beispielsweise in der Vielfalt möglicher Handlungsoptionen mit unterschiedlichen ökologischen, ökonomischen, technologischen und sozialen Auswirkungen sowie Wechselwirkungen. Auch können sich daraus Zielkonkurrenzen zwischen den verschiedenen nachhaltigen Zieldimensionen und den Auswirkungen der Transformationsprozesse ergeben. Erschwert werden die Transformationsprozesse durch den Umgang mit unvollständigen Informationen, vielfältigen

Daten sowie einer nur bedingt vorhersagbaren nachhaltigen Zielerreichung der Wandelprozesse und Maßnahmen (vgl. Schneidewind 2019).

Gerade Betriebe, die ein nachhaltiges Wirtschaften anstreben und eine betriebliches Nachhaltigkeitsmanagement auf- bzw. ausbauen möchten, sind von diesen Nachhaltigkeitsdilemmata aufgrund der hohen Komplexität und Unsicherheit möglicher nachhaltiger Entwicklungswege betroffen und müssen sich damit auseinandersetzen. Wesentliche handelnde Akteure in den Betrieben sind die Geschäftsleitung, die die grundlegenden betriebsweiten Strategien zur nachhaltigen Betriebsentwicklung festlegt, aber auch die jeweiligen Verantwortlichen in den verschiedenen Geschäfts-, Funktions- und Abteilungsbereichen, die für ihre eigenen Bereiche nachhaltige Strategien entwickeln und diese in konkrete Transformationsprojekte und Maßnahmen überführen. Die konkrete Umsetzung der beschlossenen nachhaltigen Veränderungsprojekte und Maßnahmen erfolgt durch die Mitarbeitenden in ihren jeweiligen Aufgabenbereichen. Alle diese Akteure im Unternehmen müssen mit der Komplexität und Vielfalt möglicher nachhaltiger Handlungsstrategien, ihrer Bewertung hinsichtlich der Erreichung vorgegebener Ziele, der Entwicklung und Umsetzung konkreter Transformationsstrategien und -maßnahmen sowie mit möglichen Nachhaltigkeitsdilemmata im Veränderungsprozess umgehen können. Hierfür bedarf es umfangreicher Kompetenzen. Dabei stellt sich die Frage, welche Kompetenzen die betrieblichen Akteure benötigen, um nachhaltige Strategie- und Entscheidungsalternativen fundiert bewerten, auswählen und umsetzen zu können sowie mit der inhaltlichen und zielbezogenen Komplexität der Aufgaben im nachhaltigen Transformationsprozess, mit möglichen Widersprüchen, der Unsicherheit und den daraus resultierenden Nachhaltigkeitsdilemmata in ihren jeweiligen Aufgabenbereichen umzugehen (vgl. Kirschten 2017, S. 371 ff.). Mit dieser Fragestellung beschäftigt sich das siebente Kapitel.

4. Nachhaltiges Change Management als konzeptionelle Grundlage für nachhaltige betriebliche Transformationsprozesse

Für das Verständnis nachhaltiger Transformationsprozesse bildet das nachhaltige Change Management, das betriebliche Wandelprozesse und Transformationsprozesse untersucht, eine gute wissenschaftliche Erklärungsgrundlage. Unter einem nachhaltigen Change Management wird hier die Vorbereitung, Analyse, Planung, und Realisierung von ganzheitlichen und integrierten Veränderungsmaßnahmen mit dem Ziel, ein Unternehmen bzw. einen Betrieb zu einem nachhaltig handelnden Betrieb weiterzuentwickeln verstanden (vgl. Kirschten 2020). Nachhaltiges

Handeln bedeutet, dass der Betrieb bei der Strategieentwicklung und Umsetzung sowie bei seinen Entscheidungen und Handlungen sowohl die ökologische Verträglichkeit, die soziale Gerechtigkeit als auch die ökonomische Leistungsfähigkeit seines Handelns berücksichtigt und in seiner Betriebstätigkeit umsetzt. Diese Entwicklung zu einem nachhaltigen betrieblichen Handeln gilt es prozessbegleitend zu evaluieren und kontinuierlich weiterzuentwickeln. Ziel des nachhaltigen Change Managements ist die Entwicklung eines nachhaltigen Betriebes, dem es gelingt, ressourcenschonend und emissionsarm, mit sozial gerechten Arbeitsbedingungen und Entwicklungsmöglichkeiten, wirtschaftlich leistungsfähig und langfristig erfolgreich zu arbeiten. In den Prozess des nachhaltigen Change Managements müssen alle Strategiebereiche und Handlungsebenen des Betriebes einbezogen werden sowie die Mitarbeitenden als zentrale handelnde Akteure von Anfang an mit eingebunden und beteiligt werden (vgl. Kirschten 2020).

5. Konzept eines nachhaltigen betrieblichen Transformationsprozesses

Aufbauend auf dem Ansatz des nachhaltigen Change Managements werden hier wesentliche Inhalte eines nachhaltigen betrieblichen Transformationsprozesses als grundlegendes Konzept formuliert und in der Abbildung A3.1 visualisiert.

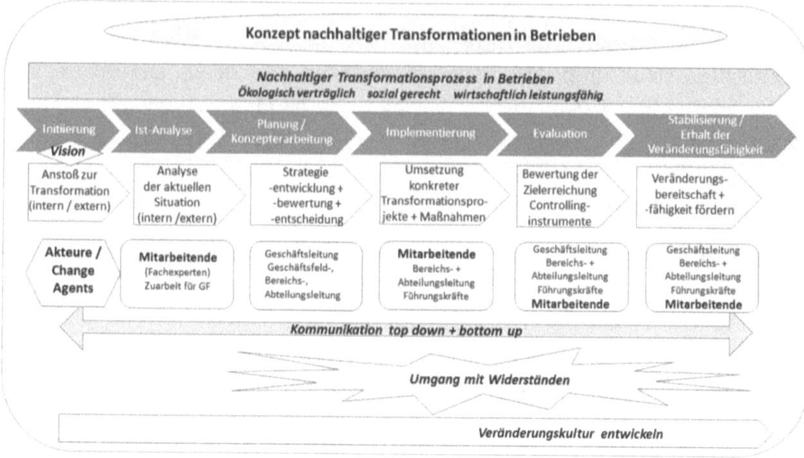

Abbildung A3.1: Konzept eines nachhaltigen betrieblichen Transformationsprozesses

5.1 Initiierung der nachhaltigen Transformation

Die Initiierung einer nachhaltigen Transformation kann durch einen betriebsinternen oder auch -externen Auslöser erfolgen. Dies können z.B. Kundenwünsche nach ökologisch und sozial verträglich hergestellten Produkten oder Dienstleistungen sein, Konkurrenten, die ökologische Marktfelder neu besetzen, die Entwicklung ressourcensparender Technologien, die im Betrieb eingesetzt werden sollen oder auch Forderungen der Mitarbeitenden nach Chancengleichheit im Betrieb. Je nach Ausgangssituation kann der Gegenstand des nachhaltigen Transformationsprozesses die Weiterentwicklung hin zu einem nachhaltig handelnden Betrieb sein, oder aber auch dessen radikale Veränderung bis hin zur nachhaltigen Neugestaltung des Betriebes mit all seinen Strategien, Strukturen, Prozessen, seiner Betriebskultur sowie den eingesetzten Verfahren und Methoden.

Betriebe, die bisher schon Teilaspekte einer nachhaltigen Betriebstätigkeit berücksichtigt haben, z.B. die soziale Verträglichkeit und Chancengleichheit, können durch einen nachhaltigen Transformationsprozess ihre Strategien und deren Umsetzung auch für Fragestellungen der ökologischen Verträglichkeit des betrieblichen Handelns konsequent weiterentwickeln. Demgegenüber stehen Betriebe, die bisher weder auf die ökologische Verträglichkeit noch auf die soziale Gerechtigkeit (über die gesetzlichen Anforderungen hinaus) ihres Handelns geachtet haben, und sich nun entschließen, ihre strategische und operative Ausrichtung ökologisch und sozial umzugestalten, eher vor einer radikalen und grundlegenden Transformation, da sie alle Betriebsbereiche, Organisationsstrukturen, Strategieausrichtungen und deren Umsetzung auf die Berücksichtigung ökologischer, sozialer und ökonomischer Ziele neu ausrichten müssen.

5.2 Vision einer nachhaltigen Transformation

Jede Transformation braucht eine inspirierende Vision. Die Vision muss als übergeordnetes erstrebenswertes Ziel eindeutig und begeisternd formuliert werden. Sie dient dazu, die an der Transformation beteiligten Akteure und Mitarbeitenden für die Veränderungsprozesse zu motivieren und sie gleichzeitig auf die übergeordnete Zielrichtung hin auszurichten. Bei einer nachhaltigen Transformation besteht das übergeordnete Ziel in der Neuausrichtung bzw. Weiterentwicklung des Betriebes hin zu einem nachhaltig, d.h. ökologisch verträglich, sozial gerechtem und wirtschaftlich leistungsfähigem Betrieb. Dieses Ziel muss in einer mitreißenden Vision formuliert werden. Aus dieser übergeordneten Vision werden im Prozessverlauf konkrete nachhaltigkeitsorientierte

Ziele und Strategien abgeleitet, die sich beispielsweise auf die Weiterentwicklung der Betriebskultur, die Umgestaltung konkreter Produktions- bzw. Leistungserstellungsprozesse, die Entwicklung der Organisationsstrukturen und Organisationsabläufe, die Mitarbeitenden oder auch die betriebsübergreifende Wertschöpfungskette erstrecken können.

5.3 Umfassende Ist-Analyse der aktuellen Situation und Herausforderungen

Voraussetzung für die Planung und Gestaltung der späteren konkreten nachhaltigen Transformationsziele und -strategien ist eine umfassende Ist-Analyse der wesentlichen Rahmenbedingungen, Handlungsbereiche sowie der aktuellen Situation und Herausforderungen des Betriebes. Dabei ist es wichtig, aktuelle betriebsinterne und -externe Schwachstellen und Risiken, aber auch zukünftige Chancen und Stärken sowie die eigene Wettbewerbssituation und betriebsspezifische Handlungsspielräume zu identifizieren. Zusätzlich muss die betriebsspezifische Veränderungsbereitschaft und Veränderungsfähigkeit detailliert analysiert werden, um darauf aufbauend geeignete Ziele und Strategien für die Weiterentwicklung und Förderung der Veränderungsfähigkeit und -bereitschaft zu entwickeln.

5.4 Nachhaltige Transformation als zielgerichtete Managementaufgabe

Die nachhaltige Transformation ist auch eine wichtige Managementaufgabe, die die zielgerichtete Analyse, Planung, Umsetzung und Evaluation der Veränderungen im Betrieb umfasst. Im Anschluss an die detaillierte Analyse der Ist-Situation müssen klare Ziele für die zu erreichende Transformation formuliert sowie konkrete Strategien und Maßnahmen zur Umsetzung der Transformation durch das Management und die betroffenen Betriebsbereiche entwickelt werden.

Die Zielgerichtetheit bedeutet, dass die Veränderungen zu tatsächlichen ökologischen und sozialen Verbesserungen des betrieblichen Handelns beitragen, aber auch eine dauerhafte Steigerung der Effizienz und der Effektivität des Betriebes erreichen sollen. Die Effizienz betrifft die Dauer der Veränderungsprojekte von der Analyse und Planung bis zur Umsetzung und Erfolgskontrolle sowie die dazugehörigen Kosten (vgl. Rank und Scheinpflug 2010, S. 18). Mit der Effektivität der Veränderungen ist das Erreichen der zuvor definierten nachhaltigen Ziele (z.B. Einsatz von regenerativen Ressourcen, Umstellung auf ressourcensparende und emissionsarme Produktionstechnologien) sowie die Identifikation der Mitarbeiter und Führungskräfte als Beteiligte und Betroffene der Veränderungen gemeint (Rank und Scheinpflug 2010, S. 18).

5.5 Prozess der nachhaltigen Transformation

Die Umsetzung einer nachhaltigen Transformation erfolgt als Prozess, der in mehrere Prozessphasen strukturiert wird und dadurch erst von den betrieblichen Akteuren umgesetzt werden kann. Als wesentlichen Prozessphasen lassen sich die folgenden Phasen unterscheiden:

Die **erste Phase** der **Initiierung des nachhaltigen Transformationsprozesses** wird meist durch einen betriebsexternen oder –internen Anstoß ausgelöst. Dies kann eine gravierende Marktveränderung, neue Kundenwünsche oder aber eine kritische ökologische oder soziale betriebsinterne Entwicklung sein, die das Bewusstsein der Veränderungsnotwendigkeit erzeugt. Hier ist es wichtig, die Richtung und das Ziel des Wandels zu bestimmen. Mit der Erarbeitung und Formulierung einer inspirierenden Vision kann das Ziel einer nachhaltigen Entwicklung des Betriebes einprägsam und motivierend formuliert werden.

In der **zweiten Phase** erfolgt eine umfassende **Ist-Analyse** der aktuellen Rahmenbedingungen und Herausforderungen, denen der Betrieb gegenübersteht. Hier werden die bisherigen Strategien, die Organisationsabläufe sowie die betriebsweiten technisch-organisatorischen Teilsysteme sowie ökologische und soziale Stärken und Schwächen analysiert. Ziel dieser Phase ist eine SWOT-Analyse, in der die wesentlichen Chancen und Risiken, aber auch die Stärken und Schwächen des Betriebes im Hinblick auf den angestrebten ökologischen, ökonomischen und sozialen betrieblichen Wandel differenziert untersucht werden und so der Veränderungsbedarf ermittelt wird.

Die **Phase der Planung und Konzepterarbeitung** umfasst die Konkretisierung der Ziele der Transformation sowie die personelle Zusammensetzung der am Wandel beteiligten Akteure, Projektgruppen und die Beteiligung von betriebsexternen und -internen Change Agents. Weiter müssen konkrete Veränderungsprojekte und Interventionen geplant werden, um die Komplexität des Transformationsprozesses zu reduzieren und gestaltbar zu machen. Auch betriebsweite Informations- und Kommunikationsstrategien müssen für den Veränderungsprozess erarbeitet werden. Alle geplanten Veränderungen können in einer Transformationslandkarte erfasst und visualisiert werden.

In der **Phase der Implementierung** erfolgt nun die tatsächliche Umsetzung der geplanten nachhaltigen Transformation und konkreten betrieblichen Transformationsprojekte. Hierfür werden konkrete Maßnahmen zur Einführung der Veränderungen in den verschiedenen Betriebs- und Aufgabenbereichen umgesetzt. Wichtig ist hier eine Beteiligung der betroffenen Mitarbeitenden in ihren jeweiligen Aufgabenbereichen sowie zielgerichtete Trainingsmaßnahmen, um die neuen Aufgaben, Verfahren oder Abläufe, die mit der Transformation einhergehen, üben zu können. Ebenfalls sehr wichtig ist die Umsetzung einer umfassenden und betriebsweiten Informations- und Kommunikationspolitik, die die Mitarbeitenden über die Transformationsprojekte, die umzusetzenden Maßnahmen sowie auch über die Fortschritte der umgesetzten Veränderungen kontinuierlich informiert. Gleichzeitig müssen konkrete Zielsetzungen und Zeitvorgaben für die Zielerreichung festgelegt und kommuniziert werden. Die besondere Herausforderung dieser Phase besteht in der Motivation der Veränderungsbereitschaft der Mitarbeitenden und in der Erreichung des Commitments der Mitarbeitenden für die Transformation und die konkreten Veränderungsmaßnahmen. Mögliche Widerstände und Opponenten müssen frühzeitig identifiziert und sofern möglich umgestimmt werden.

Die **Phase der Evaluation** umfasst eine prozessbegleitende Evaluation des betrieblichen Transformationsprozesses, um erreichte Erfolge aber auch entstandene Schwierigkeiten und Hindernisse möglichst frühzeitig zu identifizieren und entsprechend gegensteuern zu können. Hier werden auch die Erfahrungen des Transformationsprozesses ausgewertet und dokumentiert. Auch wenn die Evaluation in diesem Prozessschema als eine eigene späte Phase dargestellt wird, sollte sie doch möglichst frühzeitig den Veränderungsprozess begleiten und auch bereits in frühere Phasen integriert werden, um bei Zielabweichungen prozessbegleitend und schnell steuernd eingreifen zu können.

In der **letzten Phase der Stabilisierung** haben sich die neu eingeführten nachhaltigen Veränderungen schon ein bisschen zur Routine entwickelt und werden als Standardprozesse und normale Handlungsweisen im Betriebsalltag betrachtet. Stabilisierung bedeutet nicht Erstarrung, sondern eher „zur Ruhe kommen", um sich auch wieder auf andere Aufgaben und Projekte konzentrieren zu können. Allerdings muss der Betrieb und seine Akteure eine latente Veränderungsfähigkeit entwickeln und erhalten, um kurzfristig auf neue betriebsexterne oder –interne Herausforderungen reagieren und sich auch zukünftig entsprechend weiterentwickeln zu können.

5.6 Change Agents unterstützen den Transformationsprozess

Die betrieblichen Transformationsprozesse sowie die handelnden Akteure werden meist durch kompetente interne oder externe Berater, sog. Change Agents, unterstützt, die die betrieblichen Akteure mit ihrer Expertise beraten, die betrieblichen Transformationsprozesse begleiten und die Umsetzung konkrete Transformationsprojekte unterstützen. Die Change Agents und die jeweils verantwortlichen betrieblichen Akteure und Projektleitungen des Transformationsprozesses sowie der konkreten Transformationsprojekte sind dafür verantwortlich, dass der betriebliche Transformationsprozess ziel- und ergebnisorientiert gestaltet und umgesetzt wird.

5.7 Umsetzung des nachhaltigen Transformationsprozesses in konkreten Transformationsprojekten

Die Umsetzung des nachhaltigen Transformationsprozesses erfolgt meist in mehreren konkreten Transformationsprojekten, um die Komplexität des Wandelprozesses zu reduzieren. Die einzelnen Transformationsprojekte konzentrieren sich auf bestimmte Geschäfts-, Funktions- oder Aufgabenbereiche und umfassen jeweils konkrete ökologische, soziale und ökonomische Ziele, klar abgegrenzte Aufgaben, sind ergebnisorientiert und zeitlich begrenzt. Durch die Abgrenzung konkreter und inhaltlich abgegrenzter Transformationsprojekte können inhaltliche, zeitliche, aufgabenbezogene sowie mitarbeiterorientierte Besonderheiten gezielt berücksichtigt werden.

5.8 Commitment to Transformation: Veränderungsbereitschaft der beteiligten Akteure entwickeln

Für den Erfolg des betrieblichen Transformationsprozesses ist die Entwicklung der Veränderungsbereitschaft der beteiligten Akteure, das sogenannte Commitment to Transformation, außerordentlich wichtig. Das Commitment of Transformation umfasst das affektive, normative und kalkulatorische Commitment, die Identifikation der Akteure mit dem Wandel und ihre Verpflichtung gegenüber dem Betrieb zur Wandelbereitschaft (vgl. Herscovitch und Meyer 2002). Um das Commitment of Transformation zu erreichen, ist eine uneingeschränkte Akzeptanz der und positive Einstellung zu den Veränderungen durch die beteiligten und betroffenen Akteure notwendig. Zu den beteiligten und betroffenen Akteuren gehören die Geschäftsleitung, das Management, die Führungskräfte, die Mitarbeitenden, der Betriebsrat, mögliche Berater sowie die Change Agents.

5.9 Kompetenzentwicklung der Akteure und Mitarbeitenden

Um den nachhaltigen Transformationsprozess erfolgreich bewältigen zu können, müssen nicht nur die Veränderungsbereitschaft gefördert und das Commitment of Transformation der beteiligten Akteure erreicht werden, sondern die beteiligten und betroffenen Akteure müssen auch über die notwendigen fachlichen, methodischen und sozialen Kompetenzen verfügen, um die Ziele des Veränderungsprozesses und konkreter Veränderungsprojekte erreichen zu können. Eine hierfür notwendige Kompetenzentwicklung der Akteure, die dafür nötigen Trainingsmaßnahmen sowie ausreichend Zeit zur Weiterentwicklung sollten schon bei der Planung des nachhaltigen Transformationsprozesses mitberücksichtigt und in den Veränderungsprozess integriert werden.

Für die Umsetzung des nachhaltigen Transformationsprozesses und der konkreten Transformationsprojekte können ganz unterschiedliche Instrumente und Methoden eingesetzt werden.

5.10 Information und Kommunikation des Transformationsprozesses

Eine umfassende Information und Kommunikation der Notwendigkeit, der Vision, der Strategien und der Teilschritte des nachhaltigen Transformationsprozesses von Beginn der Entscheidung zur Transformation an ist außerordentlich wichtig für das Gelingen des Wandels. Darüber hinaus müssen die Betroffenen frühzeitig mit in die Planung des Transformationsprozesses mit einbezogen und beteiligt werden, um sicherzustellen, dass alle relevanten Veränderungsanforderungen und Veränderungsbereiche mitberücksichtigt werden. Zusätzlich eröffnet die frühzeitige Beteiligung den Betroffenen auch die Möglichkeit, die Veränderungen ihrer Aufgabengebiete mit zu gestalten.

Auch während des gesamten Transformationsprozesses und in den verschiedenen Prozessphasen bedarf es einer kontinuierlichen Information und Kommunikation der beteiligten Akteure und Mitarbeitenden. Diese sollte nicht nur top-down Informationen weitergeben sondern genauso bottom-up und zwischen den verschiedenen Hierarchie- und Aufgabenebenen vernetzt sein, um wichtige Informationen austauschen zu können. Zusätzlich bedarf es auch einer phasenbegleitenden sowie phasenübergreifenden Information und Kommunikation, um einerseits eine kontinuierliche und umfassende prozessbegleitende Kommunikation sicher zu stellen, andererseits aber auch Rückmeldungen über den Umsetzungserfolg einzelner Transformationsprojekte und Transformationsprozessphasen zu ermöglichen. Diese prozessphasenübergreifende Information und Kommunikation ist wichtig, um bei möglichen Zielabweichungen auch steuernd in den Transformationsprozess eingreifen zu können.

5.11 Überwindung von Widerständen

Entscheidend für einen erfolgreichen nachhaltigen Transformationsprozess ist die Überwindung von Widerständen gegen den Wandel. Auch hierfür ist die frühzeitige Kommunikation mit und Beteiligung der Betroffenen am Transformationsprozess sehr wichtig. Je größer die Gestaltungsspielräume und Mitwirkungsmöglichkeiten der betroffenen Mitarbeitenden in der Planung und Umsetzung der Transformationsprojekte ist, desto eher können anfängliche Ängste und Unsicherheiten über die Auswirkungen des Wandels auf das eigene Arbeitsfeld abgebaut werden. Auch eine zu Beginn des Wandels vielleicht bestehende mangelnde Veränderungsbereitschaft kann durch das Aufzeigen der Notwendigkeit und der Vorteile der Veränderungen, der neuen anzustrebenden Vision und durch die Beteiligung der Betroffenen an der Gestaltung des Wandels überwunden werden. Selbstverständlich sollte auch der Betriebsrat frühzeitig in die Planung und Umsetzung des nachhaltigen Transformationsprozesses mit eingebunden werden. Nur so kann das Commitment to Transformation im gesamten Betrieb erreicht werden, um den Wandelprozess erfolgreich umzusetzen.

6. Bedeutung des Personalmanagements für nachhaltige betriebliche Transformationsprozesse

Für die Gestaltung und Umsetzung nachhaltiger betrieblicher Transformationsprozesse kommt dem Personalmanagement eine große Bedeutung zu. Da das Personalmanagement über das fachliche Expertenwissen im Hinblick auf alle personalrelevanten Themenbereiche sowie insbesondere die mitarbeiterbezogenen Anforderungen in betrieblichen Veränderungsprozessen verfügt, ist es auch für die Beteiligung und Integration an nachhaltigen betrieblichen Transformationsprozessen sehr gut geeignet. Besonders wichtig ist die Beteiligung des Personalmanagements an nachhaltigen Transformations- und Wandelprozessen, um die Betroffenheit der Mitarbeitenden von den geplanten Veränderungsprozessen zu identifizieren und erforderliche personelle Veränderungen z.B. hinsichtlich der Aufgabenbereiche, Kompetenzen, Belastungen oder Arbeitsbedingungen umfassend vorbereiten und kompetent begleiten zu können. Darüber hinaus kann das Personalmanagement auch konkrete Maßnahmen zur direkten Beteiligung der Mitarbeitenden am nachhaltigen Transformationsprozess gestalten und umsetzen. Wesentliche Ziele und Aufgaben des Personalmanagements in nachhaltigen betrieblichen Transformationsprozessen werden in den folgenden Unterkapiteln vorgestellt.

6.1 Ziele des Personalmanagements in nachhaltigen betrieblichen Transformationsprozessen

In nachhaltigen Transformationsprozessen sollte das Personalmanagement die folgenden Ziele verfolgen:

Beteiligung als Business Partner an der Gestaltung des nachhaltigen Transformationsprozesses: Ein wesentliches Ziel des Personalmanagements sollte es sein, als Business Partner an der Gestaltung des nachhaltigen betrieblichen Transformationsprozesses beteiligt zu werden. Dazu sollte das Personalmanagement möglichst frühzeitig nach der Entscheidung der Geschäftsleitung zur

Transformation mit in den Gestaltungsprozess des Transformationsprozesses einbezogen werden. Ideal wäre die Integration des Personalmanagements in das übergeordnete Projektteam, das über die Ziele, die Richtung, mögliche Berater, die Gestaltung und Kommunikation des Wandelprozesses sowie die am Transformationsprozess beteiligten Akteure berät und entscheidet.

Mitarbeit in konkreten Transformationsprojekten: Die Umsetzung der nachhaltigen betrieblichen Transformation erfolgt meist in mehreren, klar abgegrenzten Transformationsprojekten, um konkrete Veränderungen in verschiedenen Betriebsbereichen, Funktionsbereichen oder Abteilungen handhabbar und umsetzbar zu gestalten. Auch in diesen konkreten nachhaltigen Transformationsprojekten sollte das Personalmanagement aktiv integriert werden und mitarbeiten. Erst als aktiver Partner im Veränderungsprozess und in konkreten Transformationsprojekten kann das Personalmanagement seine personalspezifischen Kompetenzen mit in die Veränderungsprojekte einbringen und entfalten.

Integration der Personalbelange in den nachhaltigen Transformationsprozess: Ein weiteres wichtiges Ziel des Personalmanagements besteht in der Integration der Anforderungen an und Belange der Mitarbeitenden in den nachhaltigen Transformationsprozess. Aufgrund seines Aufgabenbereichs und seiner Kompetenzen kann das Personalmanagement die Anforderungen, aber auch die Gestaltungsmöglichkeiten und vor allem die Auswirkungen des nachhaltigen Transformationsprozesses auf die Mitarbeitenden umfassend beurteilen. Ziel ist es hierbei, den Wandel effizient und effektiv zu gestalten, dabei jedoch auch verantwortungsvoll die aus der Transformation resultierenden Belastungen, Veränderungen, Ängste und Auswirkungen auf die Mitarbeitenden sowie die personalbezogenen Wechselwirkungen zu berücksichtigen. Als Synergieeffekt können hierbei von Anfang an die ökologischen und sozialen Anforderungen, Belastungen und Auswirkungen auf die Mitarbeitenden berücksichtigt und abgeschätzt werden.

Einbringen personalspezifischer Qualifikationen und Kompetenzen in den nachhaltigen Transformationsprozess: Die Einbindung des Personalmanagements in den nachhaltigen Transformationsprozess zielt auch darauf ab, die spezifischen Qualifikationen und Kompetenzen des Personalmanagements umfassend in die Gestaltung und die Umsetzung es nachhaltigen Wandels zu integrieren. Dies ist besonders wichtig, um die Gestaltungsspielräume für die Veränderungen auszuschöpfen, Widerstände gegen den Wandel zu minimieren und die Mitarbeiter umfassend am Transformationsprozess zu beteiligen, aber auch zu begleiten und bei den Veränderungen zu unterstützen.

6.2 Aufgaben des Personalmanagements in nachhaltigen betrieblichen Transformationsprozessen

Aus den gerade formulierten Zielen der Integration des Personalmanagements in nachhaltige Transformationsprozesse können die folgenden Aufgaben abgeleitet werden, die das Personalmanagement in nachhaltigen Transformationsprozessen übernehmen sollte:

Analyse der Ist-Situation, des Veränderungsbedarfs durch den Wandel und der Betroffenheit der Mitarbeitenden vom nachhaltigen Transformationsprozess: Aufgrund seiner umfassenden personalspezifischen Kenntnisse und Kompetenzen sollte das Personalmanagement die personalbezogene Analyse der Ist-Situation als Ausgangspunkt für den nachhaltigen Transformationsprozess übernehmen. Dazu gehört auch die Analyse des personalrelevanten Veränderungsbedarfs für die betroffenen Aufgabenbereiche. Aus der Ermittlung des Veränderungsbedarfs kann die Betroffenheit konkreter Mitarbeitenden abgeschätzt werden, die wiederum die Voraussetzung ist für die Entwicklung geeigneter und sozial verträglicher Strategien und Maßnahmen zur Umsetzung des nachhaltigen Transformationsprozesses.

Entwicklung personalbezogener Strategien und Projekte zur Umsetzung der nachhaltigen Transformation: Im Anschluss an die o.g. Analyse der Ist-Situation, des Veränderungsbedarfs und der Betroffenheit der Mitarbeitenden vom nachhaltigen Transformationsprozess besteht eine weitere sehr wichtige Aufgabe des Personalmanagements darin, personalbezogene Strategien zur Gestaltung und Umsetzung der nachhaltigen Transformation in den betroffenen Aufgabenbereichen zu entwickeln. Diese personalbezogenen Strategien müssen in den verschiedenen Transformationsprojekten in konkrete personalbezogene Maßnahmen überführt werden.

Mitarbeit und Begleitung der Mitarbeitenden im Wandel: Die konkrete Mitarbeit des Personalmanagements im nachhaltigen Transformationsprozess ist eine besonders wichtige Aufgabe. So ist das Personalmanagement dafür prädestiniert, die Mitarbeitenden bei der Umsetzung der Veränderungen zu begleiten, sie durch geeignete Maßnahmen zu unterstützen, sie für die Veränderungen zu qualifizieren und weiter zu entwickeln. Für diese aktive Mitarbeit des Personalmanagements im konkreten nachhaltigen Transformationsprozess kann das Personalmanagement auf ein breites Instrumentarium zurückgreifen, das auch gut geeignet ist, ökologische und soziale Qualifikationen und Kompetenzen zu vermitteln.

Evaluation des personalbezogenen Erfolgs konkreter nachhaltiger Transformationsprojekte: Auch für die Evaluation des personalbezogenen Erfolges konkreter nachhaltiger Transformationsprojekte ist das Personalmanagement sehr gut geeignet. Durch die intensive Begleitung, Unterstützung und Qualifikation der Mitarbeitenden im nachhaltigen Wandel kann das Personalmanagement kompetent beurteilen, welche Veränderungen wie weitreichend bereits umgesetzt und von den Mitarbeitenden angewendet werden und in welchen Bereichen noch weitere Maßnahmen erforderlich sind. Zur Evaluation des personalbezogenen Erfolgs steht dem Personalmanagement die Kompetenz und das Instrumentarium des Personalcontrollings zur Verfügung.

7. Kompetenzentwicklung der Akteure nachhaltiger betrieblicher Transformationsprozesse

Betriebliche nachhaltige Transformationsprozesse erfordern von den beteiligten Akteuren umfangreiche Kompetenzen, um mit der Komplexität, Vielfalt und möglichen Widersprüchen nachhaltiger Handlungsstrategien und der Entscheidung für konkrete Transformationsprojekte und deren Umsetzung im Betrieb umgehen zu können und daraus resultierende Nachhaltigkeitsdilemmata zu bewältigen.

Die erforderlichen Kompetenzen der betrieblichen Akteure erstrecken sich insbesondere auf die folgenden Bewertungs- und Handlungskompetenzbereiche:

- Kompetenzen zur Bewältigung der inhaltlichen Komplexität verschiedener Handlungsalternativen
- Kompetenzen zur Bewertung und zum Umgang mit konkurrierenden ökologischen, ökonomischen, sozialen und technologischen Nachhaltigkeitszielen
- Kompetenzen zum resilienten Umgang mit Nachhaltigkeitsdilemmata
- Kompetenzen zur Entwicklung und Umsetzung betriebspraktischer Lösungsansätze und Transformationsstrategien

Zur Entwicklung dieser wichtigen Bewertungs- und Handlungskompetenzen für nachhaltige betriebliche Transformationsprozesse bedarf es einer weiteren Konkretisierung der hierfür erforderlichen Kompetenzbereiche, die im Folgenden vorgestellt wird. Die Akteure betrieblicher Transformationsprozesse sollten ihre Kompetenzen insbesondere in den folgenden Kompetenzbereichen weiter entwickeln (vgl. Kirschten 2019, S. 310 ff.; de Molina, Kaiser und Widuckel 2018):

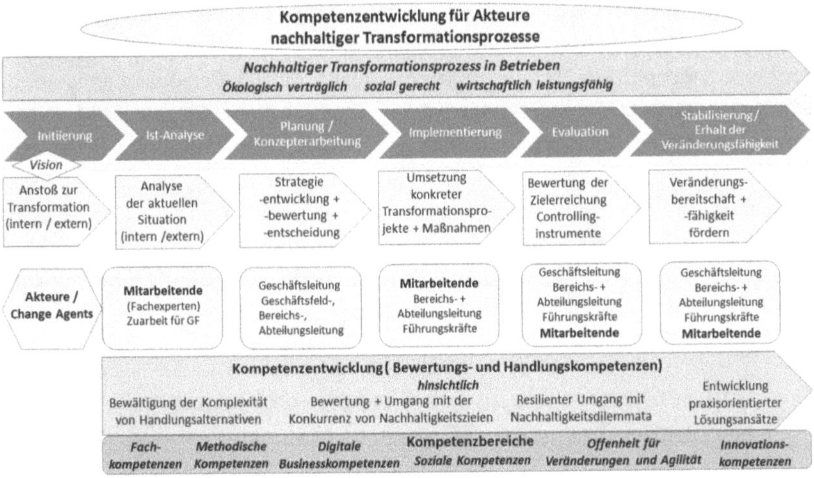

Abbildung A3.2: Kompetenzentwicklung für Akteure nachhaltiger Transformationsprozesse

Fach- und aufgabenbezogene ökologische, ökonomische, technologische und soziale Kompetenzen:

Diese Kompetenzen sind für die handelnden betrieblichen Akteure wichtig, um mit der Daten- und Informationsvielfalt adäquat umzugehen und konkrete Handlungsalternativen mit ihren inhaltlichen Wechselwirkungen im Hinblick auf die Erreichung verschiedener Nachhaltigkeits- und Unternehmensziele fachlich fundiert bewerten zu können. Auch für die Umsetzung von Strategien und konkreten Nachhaltigkeitsentscheidungen sind diese fachlichen Kompetenzen unerlässlich.

Methodische Kompetenzen:

Sie unterstützen die Akteure durch das Beherrschen von Instrumenten und Arbeitstechniken im Veränderungs-, Entscheidungs- und Umsetzungsprozess. Für nachhaltige Transformationsprozesse wichtige Arbeitstechniken sind u.a. (digitale) Analyseinstrumente (z.B. SWOT-Analyse) zur Bewertung nachhaltiger Transformationsprozesse und alternativer Strategien. Aber auch die Projektplanung und Zusammenarbeit in Projekten ist mittlerweile in Unternehmen weit verbreitet und wird meist vorausgesetzt. Wichtig sind auch Instrumente zur Wissensgenerierung und zur gemeinsamen Wissensnutzung, aber auch um Wissen weiterzuentwickeln und im Unternehmen zu bewahren (organisationales Wissen) (vgl. Kirschten 2017, S. 356 ff.; Probst, Raub und Romhardt 2013). Darüber hinaus wird der Einsatz digitaler Instrumente und Werkzeuge für Unternehmen immer wichtiger, beispielsweise zur Simulation und Visualisierung möglicher Aus- und Wechselwirkungen zwischen verschiedenen Veränderungsscenarios sowie zur Analyse komplexer Wertschöpfungsketten (z.B. unterstützt durch Virtual Reality, Augmented Reality, Künstliche Intelligenz) (vgl. Meier und Seufert 2017).

Digitale Businesskompetenzen:

In einer zunehmend digitalisierten Arbeitswelt werden auch digitale Businesskompetenzen immer wichtiger. Für nachhaltige Veränderungs-, Strategie- und Entscheidungsprozesse und die handelnden Akteure sind sie wichtig, um die Potenziale digitaler Alternativen oder Technologien für den eigenen nachhaltigen Transformationsprozess zu nutzen, Synergieeffekte zu erreichen, die Komplexität des Veränderungsprozesses besser zu beherrschen und nachhaltige Entscheidungen sowie deren Umsetzung digital zu unterstützen. Wichtige digitale Businesskompetenzen sind u.a. die Aufgeschlossenheit gegenüber und die Nutzungsbereitschaft von digitalen Technologien, Künstlicher Intelligenz, neuen Geschäftsmodellen und flexiblen Arbeitsformen. Wichtig sind auch digitale Anwendungskompetenzen der Akteure hinsichtlich konkreter digitaler Technologien sowie der rechtssichere Umgang mit der Datenvielfalt (Big Data, Datenschutz). Aber auch Kompetenzen zur Nutzung digitaler Kommunikations- und Informationsinstrumente sowie zur örtlich und zeitlich flexiblen digitalen Projektarbeit sind heute für die Akteure und Mitarbeitenden in Unternehmen unerlässlich (vgl. DGFP 2016; Kirschten 2019).

Offenheit für Veränderungen und Agilität:

Dieser Kompetenzbereich umfasst eine hohe Veränderungsbereitschaft und -fähigkeit der Akteure im Unternehmen. Dazu gehört die Auseinandersetzung mit neuen (auch digitalen) Technologien und Problemlösungen, das Denken in Kreisläufen und wechselseitigen nachhaltigen Wirkungsgefügen sowie Wertschöpfungsketten. Dafür ist u.a. eine kontinuierliche Lernfähigkeit und Lernbereitschaft der Mitarbeitenden wichtig, genauso wie das schnelle Einstellen auf neue Situationen und nachhaltigkeitsorientierte, marktbezogene, arbeitsbezogen aber auch technologiebezogene Veränderungen und Entwicklungen (vgl. Rahn 2018).

Soziale Kompetenzen:

Soziale Kompetenzen sind für die handelnden Akteure wichtig, um ergebnisorientiert in nachhaltigen Transformationsprozessen zusammenarbeiten zu können. Wichtig sind hierbei insbesondere eine ausgeprägte Kommunikations- und Konfliktfähigkeit, Empathie im Umgang mit Kollegen und Mitarbeitenden, eine hohe Motivationsfähigkeit sowie die Anerkennung von Leistungen (vgl. Moser

2018). Um mit möglichen Zielkonkurrenzen in nachhaltigen Veränderungs- und Entscheidungsprozessen sowie mit möglichen Nachhaltigkeitsdilemmata konstruktiv umgehen zu können, bedarf es auch einer ausgeprägten Resilienz der Akteure im Unternehmen (vgl. Berndt 2014; Mourlane 2014; Eberle 2019).

Innovationskompetenzen:

Nachhaltige Veränderungsprozesse beinhalten oft neue Problemlösungen, wofür eine hohe Innovationsfähigkeit der Akteure und insbesondere der Mitarbeitenden erforderlich ist. Diese kann u.a. gefördert werden durch den Einsatz von Kreativitäts- und Innovationstrainings, durch Talentmanagement sowie das Erlernen neuer, unkonventioneller Problemlösungstechniken, aber auch durch neue Formen der vernetzten Projektzusammenarbeit (vgl. Graf 2014).

Erst durch eine umfassende Kompetenzentwicklung der beteiligten Akteure in den gerade beschriebenen Kompetenzbereichen können die Komplexität nachhaltiger betrieblicher Transformationsprozesse sowie mögliche Nachhaltigkeitsdilemmata bewältigt werden.

8. Fazit

Nachhaltige Transformationen können verstanden werden als grundlegende, ineinandergreifende und sich wechselseitig beeinflussende und verstärkende Veränderungen von Politik, Konsum, Infrastrukturen, Technologien und Produktion, die zu einem beständigen Wandel führen und der Befriedigung gesellschaftlicher Bedürfnisse nach einer ökologisch verträglichen, sozial gerechten und wirtschaftlich leistungsfähigen gesellschaftlichen, wirtschaftlichen und technologischen Entwicklung dienen.

Auch Betriebe können nachhaltige Transformationen initiieren, wenn sie umfassende Wandelprozesse umsetzen, um dadurch ihre betriebliche Tätigkeit selbst, aber auch die Auswirkungen ihres betrieblichen Handelns auf die Gesellschaft, die Beschäftigten, die Konsumenten und die Märkte grundlegend ökologisch verträglich, sozial gerecht und wirtschaftlich leistungsfähig zu verändern.

Daher wird hier der Aufbau eines betrieblichen Nachhaltigkeitsmanagements, d.h. die ökologisch verträgliche, sozial gerechte und wirtschaftlich leistungsfähige Gestaltung der betrieblichen Tätigkeit als längerfristiger betrieblicher Transformationsprozess interpretiert und ausführlich als Konzept eines nachhaltigen betrieblichen Transformationsprozesses vorgestellt. Dabei erfährt die Prozessbetrachtung nachhaltiger betrieblicher Transformationen eine besondere Beachtung durch die Auseinandersetzung mit den Inhalten und handelnden Akteuren in den verschiedenen Phasen des betrieblichen Transformationsprozesses. Deutlich herausgearbeitet wird auch die vielfältige

Bedeutung des Personalmanagements bei der Umsetzung nachhaltiger betrieblicher Transformationsprozesse. Ebenso bedeutsam ist die Kompetenzentwicklung der handelnden betrieblichen Akteure bei der Initiierung und Umsetzung betrieblicher Transformationen, um mit der inhaltlichen Komplexität, möglichen Zielkonkurrenzen zwischen verschiedenen ökologischen, ökonomischen, sozialen und technologischen Zielen umzugehen und daraus möglicherweise entstehende Nachhaltigkeitsdilemmata bewältigen zu können.

Literatur:

Baumast, A.; Pape, J. (Hrsg.) (2020): Betriebliches Nachhaltigkeitsmanagement, 2. Auflage, Stuttgart.

Berndt, C. (2014): Resilienz. Das Geheimnis der psychischen Widerstandskraft. München 2014.

De Molina, K.-M.; Kaiser, S.; Widuckel, W. (Hrsg.) (2018): Kompetenzen der Zukunft – Arbeit 2030. Als lernende Organisation wettbewerbsfähig bleiben, Freiburg 2018.

DGFP (Hrsg.) (2016): Leitfaden: Kompetenzen im digitalisierten Unternehmen. Ergebnisse aus Expertenkreisen im Rahmen eines BMWI geförderten Forschungsprojekte, DGFP-Praxispapiere 2/2016, hrsg. Von der Deutschen Gesellschaft für Personalführung e.V.

Eberle, B. (2019): Resilienz ist erlernbar. Rendsburg 2019.

Fellner, R.; Mayr, A.; Pirklbauer, K. (Hrsg.) (2015): Nachhaltige Unternehmensführung erfolgreich umsetzen. Freiburg.

Fischer, S.; Eireiner, C.; Weber, S. (2019): Nachhaltiges HR-Management. Konepte, Rollen, Handlungsempfehlungen, Stuttgart.

Graf, N. (Hrsg.) (2014): Innovationen im Personalmanagement, Wiesbaden 2014.

Herscovitch, L.; Meyer, J.P. (2002): Commitment to organizational change: Extension of a three component model. Journal of Applied Psychology, 87, S. 474–487.

Hübner, J (2015): „Nachhaltige Entwicklung war gestern“, „Transformation“ ist heute! In: Hübner, J; Renz, G (Hrsg.) Gut, besser, zukunftsfähig. Nachhaltigkeit und Transformation als gesellschaftliche Herausforderung. Kohlhammer Verlag, Stuttgart. S. 41–57.

Kirschten, U. (2020): Integriertes nachhaltiges Change Management. In: Butzer-Strothmann, K.; Ahlers, F. (Hrsg.): Integrierte nachhaltige Unternehmensführung, Wiesbaden 2020, im Druck.

Kirschten, U. (2019): Strategien einer nachhaltigen Personalentwicklung zur Förderung der Frauenerwerbstätigkeit in der Arbeitswelt 4.0. In: Preißing,

D. (Hrsg.): Frauen in der Arbeitswelt 4.0. Chancen und Risiken für die Erwerbstätigkeit, Berlin, Boston 2019, S. 287–348.

Kirschten, U. (2017): Nachhaltiges Personalmanagement. Aktuelle Konzepte, Innovationen und Unternehmensentwicklung, Konstanz, München 2017.

Kristof, K. (2016): Wege zum Wandel: Was sind die zentralen Erfolgsfaktoren für gesellschaftliche Veränderungen? In: Held, M.; Kubon-Gilke, G.; Sturn, R. (Hrsg.): Normative und institutionelle Grundfragen der Ökonomik. Metropolis, Marburg. S. 191–208.

Meier, C.; Seufert, S. (2017): Digitale Transformation. Implikationen für die Personalentwicklung. In: Schwuchow, K; Gutmann, J. (Hrsg.): Personalentwicklung. Themen, Trends, Best Practices 2017. Freiburg u.a., S. 296–307.

Moser, M. (2018): Bedeutung von Soft Skills in einer sich wandelnden Unternehmensumwelt, Wiesbaden 2018.

Mourlane, D. (2014): Resilienz. Die unentdeckte Fähigkeit der wirklich Erfolgreichen. Göttingen 2014.

Polanyi, K. (1944; 2017): The Great Transformation. Politische und ökonomische Ursprünge von Gesellschaften und Wirtschaftssystemen. 13. Auflage, Suhrkamp Verlag, Frankfurt am Main.

Probst, G.; Raub, S.; Romhardt, K. (2013): Wissen managen. Wie Unternehmen ihre wertvollste Ressource optimal nutzen. 7. überarbeitete Auflage, Wiesbaden 2013.

Pufé, I. (2017): Nachhaltigkeit, Konstanz, München 2017.

Rahn, M. (2018): Agiles Personalmanagement. Die Gestaltung von klassischen Personalinstrumenten in agilen Organisationen, Wiesbaden 2018.

Rank, S.; Scheinpflug, R. (Hrsg.) (2010): Einführung in das Change Management. In: Rank, S.; Scheinpflug R. (Hrsg.) (2010): Change Management in der Praxis. Beispiele, Methoden, Instrumente, Berlin, S. 15–35.

Remig, M.; Günther, E.; Siebenhüner, B. (2012): Neue Handlungslogiken. Ökologisches Wirtschaften 27 (3), S. 40–44.

Schneidewind, U. (2019): Die große Transformation. Eine Einführung in die Kunst gesellschaftlichen Wandels. 3. Auflage, Frankfurt a.M. 2019.

UBA (2019): Wandelprozesse verstehen und erfolgreich gestalten. Hintergrundpapier Mai 2019, herausgegeben vom Umweltbundesamt Dessau-Roßlau.

Wittmayer, J.; Hölscher, K. (2017): Transformationsforschung. Definitionen, Ansätze, Methoden. Im Auftrag des Umweltbundesamtes. Texte 103/2017. Dessau-Roßlau. Download unter: https://www.umweltbundesamt.de/sites/default/files/medien/1410/publikationen/2017-11-08_texte_103-2017_transformationsforschung.pdf

TEIL B Praxisbeispiele eines betrieblichen Nachhaltigkeitsmanagements

Vanessa Buschner, Steffen Fischer und Uta Kirschten

Nachhaltige Druckstrategien bei FISCHER druck&medien in Großpösna

1. Das Unternehmen FISCHER druck&medien

Das Unternehmen FISCHER druck&medien mit Sitz in Großpösna stellt seit 1923 individuelle Drucksachen her. Ein nachhaltiges Wirtschaften ist für das Unternehmen schon lange sehr wichtig. Deutlich wird das nicht nur durch den Einkauf ökologisch verträglicher Rohstoffe und Vorprodukte, sondern auch durch den Einsatz ressourcenschonender Produktionsprozesse, die Herstellung ökologisch verträglicher Produkte sowie einen umweltschonenden Versand. Das Portfolio von FISCHER druck&medien umfasst u.a. Bücher, Broschüren, Flyer, Blöcke, Einladungen, Visitenkarten und viele weitere Druckprodukte.

Seit den Anfängen des Internets ist das Unternehmen im digitalen Marketing tätig und bietet u.a. Websites, Google Ads, ePaper und E-Mail-Newsletter an. Für FISCHER druck&medien ist es besonders wichtig, die digitalen Medien intensiv zu vermarkten. So wahrt das über 90-jährige Unternehmen seine Tradition, geht aber auch mit der Zeit, indem den Kunden digitales Marketing angeboten wird und entsprechende Kundenbedürfnisse befriedigt werden (vgl. Website Fischer druck&medien, URL: https://www.fischerdruckmedien.de/, Abruf: 09.08.2019).

2. Nachhaltige Unternehmenstätigkeit bei FISCHER druck&medien

Das Unternehmen FISCHER druck&medien hat im Zeitverlauf seine nachhaltige Unternehmenstätigkeit vielfältig ausgeweitet. Einige wesentliche Tätigkeitsfelder des Nachhaltigkeitsmanagements werden im Folgenden vorgestellt.

2.1 Verwendete Druckpapiere

Trotz zunehmender Digitalisierung werden 250 kg Papier pro Jahr und Person in Deutschland verbraucht (vgl. Quelle: https://www.verbraucherservice-bayern.de/themen/umwelt/papierverbrauch-steigt-trotz-digitalisierung, Abruf: 5.6.2019), Tendenz steigend. In Deutschland stieg der Einsatz von Altpapier zur Papierherstellung von 49 % im Jahr 1990 auf 75 % im Jahr 2016 (Quelle: https://www.umweltbundesamt.de/daten/ressourcen-abfall/verwertung-entsorgung-ausgewaehlter-abfallarten/altpapier, Abruf: 5.6.2019).

Da FISCHER druck&medien ein ökologisch verträglicher Ressourceneinsatz sehr wichtig ist, achtet das Unternehmen beim Einkauf von Druckpapieren darauf, dass die Rohstoffe für die Papierherstellung aus nachhaltig bewirtschafteten Wäldern stammen, und die eingekauften Papiere entweder vollständig aus Altpapier bestehen oder zumindest eine Mischung aus bereits genutzten als auch neuen Papierfasern ist. Dabei orientiert sich FISCHER druck&medien an einschlägigen Umweltstandards, die den ökologisch orientierten Ressourceneinsatz bzw. eine umweltorientierte Produktherstellung belegen, wie z. B. die Zertifikate Forest Stewardship Council (FSC), Blauer Engel und EU Ecolabel.

FISCHER druck&medien verarbeitet pro Jahr ca. 50t Papier und Karton für seine Druckerzeugnisse. Der Einsatz von altpapierhaltigen Materialien in Druckprodukten erfährt mittlerweile auch eine viel höhere Akzeptanz beim Kunden, da heutzutage auch Papier mit einem hohen Altpapieranteil keine dunklere Färbung mehr aufweisen muss als Papier aus neuen Zellstofffasern. So ist der Weißgrad eines Papieres kein zwingendes Indiz mehr für den Altpapieranteil im Produkt.

Von einem Papierlieferanten wurde FISCHER druck&medien als einer der ersten als „Goldprinter" ausgezeichnet. Der Händler legt viel Wert auf die Nachhaltigkeit seiner Papiere. FISCHER druck&medien forcierte das Material im Vertrieb und überzeugte Kunden von dem Produkt.

2.2 Einsatz umweltverträglicher Druckfarben

Klassische Druckfarben basieren auf Lösemitteln in Form von Mineralöl. Dies kann jedoch ohne größere Einschränkungen in Bezug auf die Verarbeitung durch Pflanzenöl ersetzt werden. Im Sonderfarbbereich setzt FISCHER druck&medien ausschließlich umweltverträgliche Farben auf Pflanzenölbasis ein. Im 4-Farbdruck können entsprechende Farbserien auf Kundenwunsch genutzt werden.

2.3 Chemiefreie Druckvorstufe

Um beim Offsetdruckverfahren Farbe auf das Papier zu bringen, müssen Druckformen hergestellt werden. Für deren Herstellung waren beim traditionellen fotografischen Prozess Chemikalien im Einsatz. Frühzeitig hat FISCHER druck&medien in die Computer-to-Plate-Technologie investiert. Diese ermöglicht die direkte Übertragung des Druckmotivs auf die Druckform mittels Laserbelichtung. Chemikalien, die zuvor im Einsatz waren, entfielen ganz.

2.4 Energieverbrauch

Auch die benötigte Energie für die Herstellung von Druckprodukten hat FISCHER druck&medien ökologisch verträglich umgestellt. So stammt der verwendete Strom für die Produktion der Druckerzeugnisse bei Fischer druck&medien zu 100 Prozent aus erneuerbaren Energiequellen und wird in Deutschland gewonnen. Die Gebäude werden mit Gas von Biogasanlagen aus der Region beheizt.

2.5 Produkte

Das Produktsortiment von FISCHER druck&medien umfasst u.a. Broschüren, Blöcke, Bücher, Flyer, Einladungen, Visitenkarten und weitere Druckprodukte. Einige wesentliche Druckprodukte werden im Folgenden genauer vorgestellt.

Broschüren

Hochwertige Drucksachen sind für viele Marketingaktivitäten von Unternehmen oder Organisationen sehr wichtig, um die eigene Bekanntheit zu steigern, die eigenen Produkte oder Dienstleistungen zu bewerben und neue Kunden zu gewinnen. Mit der besonderen Gestaltung von z.B. Broschüren, Flyer und Visitenkarten werden einerseits die Leistungen eines Unternehmens anschaulich präsentiert. Andererseits können durch die besondere Ausführung der Druckerzeugnisse auch die Individualität und Besonderheiten des Unternehmens zum Ausdruck gebracht und das Unternehmen angemessen repräsentiert werden. Dies ist nicht nur für die Neugewinnung von Kunden wichtig, sondern auch für die Markenstärkung und Kundenbindung. FISCHER druck&medien stellt individuelle Drucksachen zur Präsentation von Unternehmen, Produkten oder Veranstaltungen her. Besonders gut eignen sich Broschüren für die Vermarktung. Dabei können Format, Umfang, Papier und Bindung individuell ausgewählt und gestaltet werden. Bei Farben, Schriftart und diversen Veredelungen sind der Kreativität keine Grenzen gesetzt. Durch UV-Glanzlackierungen oder Stanzungen wird eine Broschüre zu etwas ganz Besonderem und erzeugt nicht nur durch ihren Inhalt Aufmerksamkeit, sondern auch durch ihr Äußeres. Mit einer hochwertigen Broschüre macht es FISCHER druck&medien möglich, andere zu begeistern. Dabei muss es sich nicht immer um eine gedruckte Variante handeln, auch digitale Publikationen sind als ePaper möglich.

Schreibblöcke

Schreibblöcke können individuell designt werden, ob große Schreib- oder kleine handliche Notizblöcke. Sie sind vielfältig einsetzbar im Büro oder als Werbegeschenke. Die Papier- und Farbauswahl trifft der Kunde selbst und kann sein Unternehmen präsentieren, in dem die Schreibblöcke kundenspezifisch gestaltet werden, z.B. mit eigenem Logo und besonderen Gestaltungsmerkmalen. So bleibt nicht nur die Notiz, sondern auch das Unternehmen beim Nutzer im Gedächtnis.

Weitere Produktangebote

Zu den weiteren Produktangeboten zählen u.a. Bücher, individuell gestaltete Veranstaltungseinladungen, personalisierte Mailings oder Flyer. Aber auch Preislisten oder Mousepads für das Büro gehören zur Produktpalette. Auch Werbegeschenke für Kunden in Form von Schlüsselbändern, USB-Sticks, Kugelschreibern und vielem mehr werden angeboten. Die Auswahl ist groß und vielfältig. Je nach Kundenwunsch kann auch die Versendung der gewünschten Artikel individuell erfolgen.

2.6 Umweltschonender Versand

Auch ein umweltverträglicher Versand ist FISCHER druck&medien wichtig. So werden Briefe, Postkarten und Pakete klimaneutral versendet. Um Lieferungen emissionsfrei zu gestalten, werden Klimaprojekte unterstützt. Jeder Kunde, der bei FISCHER druck&medien bestellt, hat selbst die Wahl inwieweit sein Produkt nachhaltig werden soll, angefangen von der Herstellungsart des Papiers bis hin zum klimaneutralen Versand.

3. CO_2 Kompensationen

FISCHER druck&medien engagiert sich sowohl in der CO_2-Kompensation als auch in verschiedenen Umweltschutzprojekten.

Trotz weitreichender Weiterentwicklung bei der Energieeffizienz und beim Materialeinsatz von Druckmaschinen kann kein Druckprodukt ohne CO_2-Ausstoß hergestellt werden. Anhand des Vergleichs eines Druckproduktes mit einem digitalen Produktangebot (ePaper) wird der jeweilige CO_2-Verbrauch deutlich: 30 Minuten Nachrichten lesen in einer gedruckten Tageszeitung erzeugen 28 kg CO_2 pro Jahr, liest man die Zeitung online verbraucht dies jedoch 35 kg CO_2 pro Jahr (vgl. Papier vs. Digital – Was ist nachhaltiger? (27.02.2019), URL: https://weblog.medienwissenschaft.de/archives/23413

(Abruf: 09.08.2019). Woran liegt das? Eine gedruckte Zeitung kann mehrmals und unendlich lang gelesen werden, ohne dass nach der eigentlichen Herstellung und Verteilung weitere Emissionen anfallen. Wird eine Zeitung oder ein Artikel online gelesen, erzeugt jede Minute des online Lesens durch die Nutzung des Computers und Internets einen CO_2 Ausstoß, der umso höher wird, je länger online gelesen wird (Quelle: https://www.bvdm-online.de/fileadmin/nutzen/Nutzen_1-18_neutral.pdf, Seite 6, Abruf: 15.8.2019).

Nachdem FISCHER druck&medien verschiedene Anstrengungen unternommen hat, seinen CO_2-Ausstoß zu senken, wurde 2019 die Entscheidung getroffen, die kompletten verbleibenden Emissionen von Produktion und Unternehmen zu kompensieren. Dazu wird seitdem jährlich der CO_2-Fußabdruck des Unternehmens erstellt, der alle relevanten Parameter erfasst und daraus die nötige Kompensationsleistung abgeleitet. Zu den erfassten Parametern des erfassten ökologischen Fußabdrucks zählen die eingesetzten Roh-, Hilfs- und Betriebsstoffe, die verwendeten Produktionsverfahren, aber auch z.B. den Fuhrpark, Dienstreisen, die Anfahrtswege der Mitarbeiter und externer Dienstleister sowie natürlich die Energieversorgung des Unternehmens (vgl. Abb. B1.1).

Kunden erhalten auf Wunsch eine Urkunde, die den kompensierten CO_2-Ausstoß belegen.

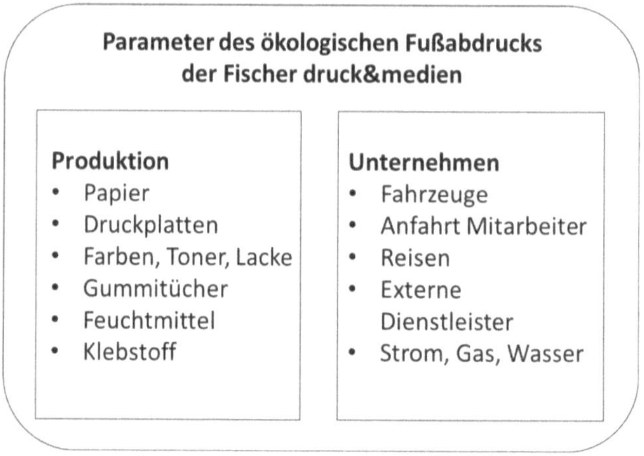

Abbildung B1.1: Erfasste Parameter des ökologischen Fußabdrucks der Fischer druck&medien Unternehmenstätigkeit

Quelle: *vgl. Fischer Vortragsmanuskript 12. Juni 2019, Zwickau, S. 12*

4. Umweltschutzprojekte

Fischer druck&medien unterstützt verschiedene Umweltschutzprojekte, von denen zwei konkrete Projekte genauer vorgestellt werden.

4.1 Stromerzeugung aus Zuckerrohrabfällen in Gangakhed, Indien

In Gangakhed in Indien erzeugt eine Zuckerrohrfabrik aus Abfällen der Zuckerproduktion Strom. Als Abfall wird Biomasse eingesetzt, z.B. Bagasse oder auch Kuhmist. Ein Teil der eingesetzten Abfälle kauft die Zuckerrohrfabrik von den Bauern in der Umgebung an, was für die Bauern eine zusätzliche Einnahmequelle darstellt. So werden CO_2-Emissionen zweifach eingespart: Erstens würde die Biomasse ansonsten verrotten und dadurch Methan freisetzten. Zweitens benötigt die Zuckerrohrfabrik durch den Einsatz der Abfälle keine fossilen Brennstoffe mehr, was ebenfalls CO_2-Emissionen vermeidet. Den erzeugten Strom, den die Zuckerrohrfabrik selbst nicht benötigt, wird in das lokale Stromnetz eingespeist und versorgt die Haushalte in der Umgebung (vgl. https://www.climatepartner.com/de/klimaschutzprojekte/biomasse-indien, Abruf: 03.05.2020).

Damit leistet dieses Projekt Beiträge zu den folgenden UN-Zielen für eine nachhaltige Entwicklung (SDGs) (vgl. www.climatepartner.com/1067, Abruf: 03.05.2020):

SDG 1: Keine Armut: Etwa 10.000 Bauern liefern der Zuckerrohrfabrik Biomasse. Dafür erhalten Sie technische Unterstützung, eigene Landflächen und Schulungen.
SDG 3: Gesundheit und Wohlergehen: Ungefähr 8.000 Menschen können sich jährlich kostenlos untersuchen lassen.
SDG 6: Sauberes Wasser und Sanitäreinrichtungen: Die Fabrik liefert kostenlos Trinkwasser und setzt ca. 100 Brunnen und öffentliche Wasserspender in den umliegenden Dörfern instand.
SDG 7: Bezahlbare und saubere Energie: Ohne Einsatz fossiler Brennstoffe wird mit Biomasse und modernen Technologien effizient Energie gewonnen.
SDG 12: Nachhaltiger Konsum und Produktion: Als erneuerbarer Brennstoff zur Energiegewinnung werden Abfallprodukte eingesetzt.
SDG 13: Maßnahmen zum Klimaschutz: Mit der Biomasse-Stromerzeugung können 64.400 Tonnen CO_2—Äquivalente (Methan, CO_2) eingespart werden.

Das Projekt ist verifiziert durch die EPIC Sustainability Services Private Ltd und entspricht dem Projektstandard „Verified Carbon Standard (VCS)“.

4.2 Waldschutzprojekt im Amazonas „Florestal Santa Maria FSC REDD APD", Colniza, Mato Grosso in Brasilien

FISCHER druck&medien unterstützt das brasilianische Waldschutzprojekt „Florestal Santa Maria FSC REDD APD" im Amazonas Waldgebiet von Colniza, das in der nordwestlichen Region des Bundesstaates Mato Grosso in Brasilien liegt. Die Ziele des Projektes bestehen im Erhalt der Waldflächen in der Region Colniza (ca. 71.000 ha) durch ein nachhaltiges Waldmanagement gemäß Forest Stewardship Council (FSC). Dies trägt zur Verminderung der Abholzung im Amazonasbiom bei und hilft dabei, das Waldbrandrisiko in der Region zu reduzieren (vgl. http://www.zukunftswerk.org/uploads/1/3/1/9/13195945/projekt_brasilien_florestalsantamaria.pdf, Abruf: 3.5.2020).

Der Amazonas gehört zu den artenreichsten Gebieten der Erde, ist eine der größten Kohlenstoffsenken und wird als Weltnaturerbe geschützt. Leider weist die Region von Colniza eine sehr hohe Abholzungsrate im Amazonasbecken auf. Daher dient das Projekt „Florestal Santa Maria" dem Schutz des Ökosystems des Amazonas, aber auch der Unterstützung der lokalen Bevölkerung. Als konkrete Projektaktivitäten wurde im Rahmen eines nachhaltigen Managementplans die „Reduces Impact Extraction (EIR) Methode" zur Förderung nachhaltiger Abholzungspraktiken eingeführt. Sie beinhaltet lange Erntezyklen, eine geringe Holzaustragsmenge sowie das Verbot, geschützte Baumarten einzuschlagen. Auch wurde die gesamte Projektwaldfläche durch das FSC-Siegel zertifiziert. Zusätzlich werden Flora und Fauna, der Artenschutz sowie ein Fisch- und Jagdverbot im Projektgebiet überwacht. Das Projekt hat auch positive soziale Auswirkungen. So werden die Projektmitarbeiter ausgebildet und für die lokale Bevölkerung werden Bildungsveranstaltungen zur nachhaltigen Waldbewirtschaftung angeboten. Auch eine lokale Feuerwehr wurde eingerichtet.

Das Projekt ist durch die Rainforest Alliance zertifiziert (Zertifikats-Typ. Verified Carbon Standard). Jährlich werden ca. 30 Mio. t CO_2-Äquivalente vermieden (vgl. http://www.zukunftswerk.org/uploads/1/3/1/9/13195945/projekt_brasilien_florestalsantamaria.pdf). Insgesamt trägt dieses Projekt zum Schutz des Amazonas, einer nachhaltigen Walbewirtschaftung sowie eines verminderten CO_2-Ausstoßes bei und unterstützt gleichzeitig die dort lebende Bevölkerung.

5. Vernetzung

5.1 Mitgliedschaften und Partnerschaften

FISCHER druck&medien ist Mitglied im Bundesverband Mittelständischer Wirtschaft BVMW, weil dem Unternehmen die aktive Vernetzung mit Kunden und Partnern aus der Region sehr wichtig ist. Der BVMW ist der größte freiwillig organisierte Interessenverband des deutschen Mittelstandes und vertritt wirtschaftliche, soziale und gesellschaftliche Interessen von 32 Arbeitgeber- und Wirtschaftsverbänden mit 900.000 Stimmen von Unternehmern (vgl. BVMW, URL: https://www.bvmw.de/darum-bvmw). Ziel ist die Schaffung von Freiraum bei wirtschaftlichem Handel und die Sicherung des sozialen Friedens in den Mitgliedsunternehmen (vgl. BVMW, URL: https://www.bvmw.de/darum-bvmw). Als Unternehmen der Druckindustrie ist Fischer druck&medien auch Mitglied im Verband Druck & Medien Mitteldeutschland.

Auch die Leipziger Unternehmensgründerszene wird von FISCHER druck&medien aktiv unterstützt. So steht das Unternehmen engagierten jungen Gründer*innen als Partner und Mentor zur Seite. Ebenso pflegen sie Partnerschaften mit dem Olympioniken und Weltmeistern Jan Benzien und Franz Anton des Leipziger Kanu Clubs.

5.2 Großer Preis des Mittelstandes

Beim großen Preis des Mittelstandes handelt es sich um einen Wettbewerb zwischen ausgewählten mittelständischen Unternehmen. Dieser fand im Jahr 2019 bereits zum 25. Mal statt und steht jedes Jahr unter einem bestimmten Motto. Im Jahr 2019 lautete es: „Nachhaltig wirtschaften". Ziel dabei war es, die Wettbewerbsfähigkeit zwischen Unternehmen zu fördern und damit den deutschen Mittelstand auch zukünftig zu erhalten. Bereits zum dritten Mal wurde FISCHER druck&medien nominiert und erreichte anschließend die Jurystufe (Homepage Großer Preis des Mittelstandes URL: https://www.mittelstandspreis.com/wettbewerb/was-ist-der-grosse-mittelstandspreis/ Abruf: 14.08.2019).

6. Fazit

Die nachhaltige Unternehmenstätigkeit des Unternehmens FISCHER druck&medien ist weitreichend, da sie sich sowohl auf die Herstellung der Druckerzeugnisse als auch auf das Unternehmen selbst erstreckt. Auch die Ermittlung des eigenen ökologischen Fußabdrucks sowie die Unterstützung sozialer und umweltorientierter Projekte in mehreren Ländern verdeutlicht die Ernsthaftigkeit der nachhaltigen Unternehmensorientierung. Insgesamt ist

FISCHER druck&medien ein eindrucksvolles Beispiel für nachhaltiges Engagement eines mittelständischen sächsischen Unternehmens.

Literatur

BVMW, URL: https://www.bvmw.de/darum-bvmw

Homepage Fischer Druck und Medien, URL: https://www.fischerdruckmedien.de/ (Abruf 09.08.2019)

Homepage Großer Preis des Mittelstandes URL: https://www.mittelstandspreis.com/wettbewerb/was-ist-der-grosse-mittelstandspreis/ (Abruf: 14.08.2019)

Office-roxx: Erstaunliche Vielfalt: Das kleine Einmaleins des Papiers (2016), URL: https://office-roxx.de/2016/03/23/erstaunliche-vielfalt/ (Abruf: 09.08.2019)

Papier vs. Digital – Was ist nachhaltiger? (27.02.2019), URL: https://weblog.medienwissenschaft.de/archives/23413 (Abruf: 09.08.2019)

www.climatepartner.com/1067, (Abruf: 03.05.2020)

Internetquellen:

https://www.bvdm-online.de/fileadmin/nutzen/Nutzen_1-18_neutral.pdf (Abruf: 15.8.2019)

https://www.climatepartner.com/de/klimaschutzprojekte/biomasse-indien, (Abruf: 03.05.2020)

http://www.florestalsantamaria.com.br/site/imagens_upload/2banner_home1.jpg, (Abruf: 03.05.2020)

https://www.umweltbundesamt.de/daten/ressourcen-abfall/verwertung-entsorgung-ausgewaehlter-abfallarten/altpapier, (Abruf: 05.06.2019)

https://www.verbraucherservice-bayern.de/themen/umwelt/papierverbrauch-steigt-trotz-digitalisierung (Abruf: 05.06.2019).

http://www.zukunftswerk.org/uploads/1/3/1/9/13195945/projekt_brasilien_florestalsantamaria.pdf (Abruf: 3.5.2020)

Kontakt:

FISCHER druck&medien

Sestewitzer Straße 18

04463 Großpösna

Leipzig – Sachsen – Germany

Email: https://www.fischerdruckmedien.de/

Jessica Knoll und Laura Spöttl

Praktisches Nachhaltigkeitsmanagement bei der Grammer AG

1. Einleitung

Als globaler Partner der Automobilindustrie hat sich die Grammer AG auf die Entwicklung und Herstellung von Komponenten und Systemen für die Pkw-Innenausstattung, sowie die Herstellung von Fahrer- und Passagiersitzen für Lkw, Busse oder Bahnen spezialisiert (vgl. Grammer). Der im B2B Bereich angesiedelte Automotive Zulieferer, lässt sich prinzipiell in die Unternehmensbereiche „Automotive" und „Commercial Vehicles" unterteilen, mit jeweils unterschiedlichen Sparten.

Durch eine wachsende Mobilität und der immer weiter steigenden Geschwindigkeit, wird ein Maximum an Sicherheit und Komfort noch wichtiger. Mittels intensiven Erforschens von Materialien und Funktionen verschiedener Komponenten, gilt der Grammer Konzern als Trendsetter bei Ergonomie, Komfort und Sicherheit. Seit der Gründung im Jahr 1880 entwickelte sich der Konzern zu einem der führenden Lieferanten von Sitzsystemen und Interieur-Komponenten. Dem global positionierten Unternehmen gelang es über die Jahre ein starkes Markenimage aufzubauen, das durch Kunden stets mit Innovation, Design und Qualität assoziiert wird. In den letzten Jahren konnte der Konzern stark wachsen. Inzwischen beschäftigt Grammer 15.000 Mitarbeiter in 19 Ländern mit insgesamt 36 Produktionsstandorten (vgl. Spöttl 2019).

2. Relevanz des Themas Nachhaltigkeit für Unternehmen

Im Umweltbereich sind in Deutschland schon seit Jahren genaue Bestimmungen (Bspw. zum Chemikalienmanagement, Abwassereinleitung, Emissionen in der Luft) definiert (vgl. Spöttl 2019).

Im Bereich Arbeits- und Menschenrechte nehmen die Anforderungen in den letzten Jahren dahingegen stetig zu. Zu Beginn wurden einige Rahmenwerke erstellt, die jedoch noch nicht gesetzlich verpflichtend waren (bspw. die UN Guiding Principles – Leitprinzipien für Menschenrechte, ILO-Konventionen: Übereinkommen 29 „Verbot der Zwangsarbeit"). Wegweisend aber war das im Jahr 2012 in Kraft tretende Gesetz aus Amerika, welches sich speziell mit dem Thema Konfliktmineralien (Tantal, Gold, Zinn und Wolfram) auseinandersetzt. Viele dieser Elemente sind sehr toxisch, weshalb der Abbau mit beträchtlichen Gesundheitsschäden einhergeht. Bei dem Abbau dieser Mineralien kommt es durch Abholzung, Erosion und Artensterben aber auch zu enormen Umweltschäden. Für die dortige Bevölkerung und die im Mineralienabbau Arbeitenden sind insbesondere die Auswirkungen auf sozialer Ebene tragisch, denn die Gewinnung dieser Mineralien erfolgt durch Verhältnisse, die „moderner Sklaverei" gleichen (vgl. Sühlmann 2020).

Um diese Auswirkungen auf sozialer und ökologischer Ebene zu verhindern, gibt es eine Reihe gesetzlicher Vorgaben, die Unternehmen in die Pflicht nehmen. Im US-amerikanischen Dodd-Frank-Gesetzespaket wurde auch festgelegt, dass Unternehmen ihre Lieferketten kontrollieren und offenlegen müssen. Ein europäisches Gesetz verpflichtet alle direkten Rohstoff-Importeure ihre Lieferketten sorgfältig zu prüfen (Umweltdialog 2020).

2015 trat dann der UK Modern Slavery Act in Kraft. Dieser hält Unternehmen dazu an, jährlich Statements auf der Homepage zu veröffentlichen, wie diese gegen Sklaverei und Menschenhandel in ihren Lieferketten angehen. Allerdings betrifft dies nur Unternehmen, die mindestens einen Teil ihres Geschäfts in Großbritannien ausüben und jährlich mehr als 36 Millionen Pfund Umsatz erwirtschaften (vgl. Spöttl 2019).

In den nächsten Jahren werden die Vorgaben durch Regierungen gegenüber Unternehmen zum Thema Nachhaltigkeit weiter stark zunehmen. Daher müssen sich Unternehmen schon heute vermehrt Gedanken über die Umsetzung dieser Forderungen machen.

Auch seitens der Kunden nehmen nachhaltigkeitsorientierte Anforderungen weiter zu. Teilweise sind diese Anforderungen vergaberelevant, weshalb eine Neuvergabe von Aufträgen ohne die Erfüllung bestimmter Kriterien nicht erfolgen kann. Diverse Anforderungen werden meist über Nachhaltigkeitsfragebögen abgefragt. Einige Unternehmen führen in den Werken auch Nachhaltigkeitsaudits durch, wobei nochmals eine genaue Überprüfung der Korrektheit der Angaben aus den Fragebögen erfolgt (vgl. Grammer Geschäftsbericht 2018, S. 14). Überprüft werden von den Kunden unter anderem:

- ISO Zertifikate (14001/ 45001/ 27001)
- Code of Conduct + Supplier CoC
- Konfliktmineralien: Überprüfung der Lieferkette
- Schulungsmöglichkeiten für Mitarbeiter und Lieferanten
- Managementprozesse

Das Thema Nachhaltigkeit ist ebenso für Investoren von hoher Relevanz. Diese sind insbesondere an Nachhaltigkeitsrankings, wie z.B. **ISS, CDP und Ecovadis** interessiert (vgl. Grammer Geschäftsbericht 2018, S. 14).

3. Praktisches Nachhaltigkeitsmanagement der Grammer AG

Durch die Verankerung der ökonomischen, ökologischen und sozialen Dimension in den Unternehmensleitlinien, bekennt sich die Grammer AG zu dem Thema Nachhaltigkeit und übernimmt so Verantwortung für Mensch, Gesellschaft und Umwelt.

Die Grammer AG begann im Jahr 2015 aktiv das Thema Nachhaltigkeit aufzugreifen und zeitgleich mit dem Aufbau einer Nachhaltigkeitsorganisation.

3.1 Nachhaltigkeitsorganisation

Aufgrund der unmittelbaren Bedeutung des Themas Nachhaltigkeit für die Wertschöpfung des Grammer Konzerns, ist die Verantwortung direkt bei dem Vorstand des Unternehmens angesiedelt. Damit das Thema im Konzern noch tiefer verankert werden konnte, wurde im Jahr 2015 ein CSR-Council etabliert, welcher aus allen Führungskräften geschäftsrelevanter Konzernbereiche besteht. In diesem können verschiedenste Fachbereiche diskutieren und strategische Entscheidungen im Einklang mit der Unternehmensstrategie treffen. Das CSR-Team übernimmt die Koordination von Nachhaltigkeitsthemen und bereitet strategische Entscheidungen vor. Außerdem unterstützt das CSR-Team verschiedene Fachbereiche und ist für die Bearbeitung der Stakeholderanfragen verantwortlich. Da oftmals Know-How aus verschiedenen Bereichen erforderlich ist, wurden zu den Themen Umwelt, Supply Chain und nachhaltige Produkte Arbeitskreise gebildet. Hierbei erfolgt eine enge Kommunikation mit den Standorten, damit die Ziele und Maßnahmen auf operativer Ebene erfolgreich implementiert und umgesetzt werden können (vgl. Grammer Geschäftsbericht 2018, S. 13).

3.2 Wesentlichkeitsanalyse

Das Thema Nachhaltigkeit besteht aus vielen verschiedenen Themen, welche für verschiedene Branchen eine unterschiedliche Relevanz haben. Aus diesem Grund werden häufig zunächst die relevanten Themenfelder für das Unternehmen ermittelt. Durch einen systematischen mehrstufigen Prozess konnte der Grammer Konzern im Unternehmen eine einheitliche Handhabung von Nachhaltigkeitsthemen vorantreiben. Dies gelang mittels einer Wesentlichkeitsanalyse.

Ausgangspunkt sind hierbei immer relevante Themen für das Unternehmen und die Branche, die anhand verschiedener Kriterien bewertet werden. Der Grammer Konzern konnte durch dieses Verfahren im Jahr 2015 13 wesentliche Themen durch das Management bewerten und verabschieden. Damit eine weitgehende Implementierung der Nachhaltigkeit im Konzern erreicht werden konnte, erfolgte im weiteren Verlauf die Entwicklung von Strategien und Konzepten. Weiter lag der Schwerpunkt auf der Durchführung einer Impact-Bewertung. Mittels eines Scoring-Modells wurden die 13 wesentlichen Themen für die Grammer AG auf deren Auswirkungen in Bezug auf Umwelt, Wirtschaft und Gesellschaft untersucht. Die Wahrscheinlichkeit und die Schwere einer Auswirkung waren hier maßgebend. Als Ergebnis wurden acht wesentliche Themenfelder identifiziert (vgl. Grammer Geschäftsbericht 2018, S. 13):

Tabelle B2.1: Wesentlichkeitsanalyse

Themenfeld für den Grammer Konzern	Wesentliche Themen
Wirtschaftliche Stabilität	Wirtschaftliche Leistung
Corporate Governance	Compliance
Menschenrechte	Kinder- und Zwangsarbeit
Umweltschutz	Emissionen in Luft/ Wasser/ Boden
Produkt- und Prozessverantwortung	Innovative Produkt- und Prozesslösungen
Mitarbeiter	Mitarbeiterzufriedenheit, Mitarbeiterentwicklung und -förderung, Arbeitssicherheit und Mitarbeitergesundheit

Quelle: eigene Darstellung in Anlehnung an Grammer Geschäftsbericht 2018, S. 14

Anschließend werden zu jedem Themenfeld, nach Rücksprache mit den entsprechenden Fachbereichen im CSR Council, Ziele festgelegt. Momentan handelt es sich insbesondere um **weiche Ziele**, die im Laufe der Jahre weiter konkretisiert werden.

3.3 Verantwortungsvolle Unternehmensführung

Ein wichtiges Themenfeld ist beispielsweise „Compliance", d.h. die Einhaltung von Regeln und Gesetzen sowie konkreten eigenen Vorgaben der Grammer AG. Die Mitarbeiter im Unternehmen halten sich hierbei an einen vorgeschriebenen Verhaltenskodex, der für alle verbindlich ist. Mitarbeiter werden über den Kodex regelmäßig informiert und geschult (vgl. Grammer Geschäftsbericht

2018, S. 15). Im Themenbereich „Compliance" steht insbesondere die Reduzierung von Compliance Risiken im Vordergrund, die durch bestimmte Maßnahmen minimiert werden sollen. Mitarbeiter haben hier die Möglichkeit auf etwaige Verstöße gegen die Complianceregeln über ein Meldesystem hinzuweisen. Bestimmte Standorte werden auch durch interne Audits überprüft (vgl. Grammer Geschäftsbericht 2018, S. 15).

Von großer Bedeutung ist ebenso der Themenbereich „Umwelt" und damit verbunden die nachhaltige Beschaffung. Die benötigten Roh-, Hilfs- und Betriebsstoffe werden bei der Grammer AG nach ökologischen Kriterien und unter Berücksichtigung der Energieeffizienz beschafft. So legt der Konzern bei Zulieferern großen Wert auf ein gleiches Wertesystem, das ähnliche ethische Prinzipien vertritt. Von direkten und indirekten Lieferanten werden solide Geschäftspraktiken erwartet, sowie die Einhaltung gesetzlicher Vorschriften und Standards. Der verantwortungsvolle und bewusste Umgang mit endlichen Ressourcen spielt hier eine wichtige Rolle. Insbesondere liegt das Augenmerk auf den sogenannten Konfliktmaterialien. Damit die Verwendung dieser Materialien ausgeschlossen werden kann, arbeitet man hier ständig an der Optimierung der Prozesse. So kontrolliert man Lieferketten und steht im engen Austausch mit Lieferanten hinsichtlich der Herkunft der Metalle (vgl. Grammer Geschäftsbericht 2018, S. 16).

4. Betrieblicher Umweltschutz

In den Leitlinien des Unternehmens ist der aktive Schutz der Umwelt als wichtiges Ziel fest verankert. Durch das Entwickeln und Produzieren, das eine umweltschonende Fertigung gewährleistet, sowie eine gefahrenlose Entsorgung, trägt das Unternehmen maßgeblich zum Schutz bei (vgl. Grammer Geschäftsbericht 2018, S. 17).

4.1 Managementansatz

Die Verantwortung liegt im Bereich „Quality", die dem Chief Operating Officer untergeordnet ist. Dieser Bereich ist insbesondere für die Erarbeitung strategischer Ansätze und Vorgaben für das gesamte Unternehmen verantwortlich. An jedem Standort gibt es einen Enviroment-, Health- und Safety-Manager, der für die Umsetzung der Maßnahmen vor Ort verantwortlich ist. Damit Umweltauswirkungen weitgehend reduziert werden können, lautet der Anspruch vor allem die Energieeffizienz zu erhöhen, die produktions- und logistikbedingte Emissionen zu reduzieren und einen optimalen Einsatz der Ressourcen entlang der gesamten Wertschöpfungskette zu gewährleisten. Die Ziele der Umweltaktivitäten, sowie die Einhaltung von Gesetzen und Vorschriften werden regelmäßig intern und extern geprüft und beurteilt. Durch diese kontinuierlichen Vorgänge erreicht das Unternehmen stetig Verbesserungen seiner Umwelt- und Energiemanagementsysteme. Weltweit hat das Unternehmen bei mehr als der Hälfte seiner Standorte ein Umweltmanagementsystem nach **ISO14001** installiert. Im Laufe der Jahre ist eine Ausweitung auf alle Standorte geplant. An den deutschen Standorten wurde bis Jahr 2015 der Ausbau von Energiemanagementsystemen nach **ISO 50001** unterstützt. Diese Maßnahmen ermöglichen eine Kontrolle des Energieverbrauchs, sowie eine Steuerung und Identifizierung von Einsparungsmöglichkeiten (vgl. Grammer Geschäftsbericht 2018, S. 17).

Um die Maßnahmen umzusetzen und die Ziele zu erreichen, werden die Mitarbeitenden gezielt geschult, gefördert und motiviert. Kunden, Mitarbeitende und Behörden werden außerdem stetig über den Stand der Umwelt- und Energiemanagementsysteme informiert, um so eine transparente und offene Kommunikation zu gestalten (vgl. Grammer Geschäftsbericht 2018, S. 17).

4.2 Emissionen

„Industrieanlagen zur Herstellung und Verarbeitung von Metallen sind bedeutende Verursacher von umweltbelastenden Emissionen mit negativen Umweltauswirkungen entlang der Wertschöpfungskette. Zur Metallindustrie werden die Bereiche Eisen- und Stahlerzeugung, die Gewinnung von Nichteisenrohmetallen, die Gießerei-Industrie sowie die metallverarbeitende Industrie gezählt." (vgl. Umweltbundesamt 2019).

Da durch die Produktionstätigkeiten des Grammer Konzern Emissionen in Luft, Wasser oder Boden gelangen, ist gerade dieses Thema von großer Bedeutung. So hat man an allen Produktionsstätten individuelle Konzepte entwickelt und Maßnahmen eingeleitet, die auf die Tätigkeiten und Arbeitsprozesse vor Ort abgestimmt sind, und zur Emissionsreduzierung führen sollen. Im Fokus steht hier insbesondere das Ziel die Umweltkennzahlen, Ziele und Maßnahmen bis 2020 global zu erfassen (vgl. Spöttl 2019). Von wesentlicher Bedeutung ist die Reduzierung der **CO2- Emissionen**, sowie **flüchtiger organischer Verbindungen.** Vor allem an emissionsintensiven Anlagen werden die Werte kontinuierlich gemessen. Weiter verfügt das Unternehmen im Automotive-Bereich über emissionsreduzierende Schaummaterialien. Diese bewirken eine Reduktion der Emission von Kohlenwasserstoff bis zu 70 Prozent. Durch die Verwendung wasserbasierter Schaumtrennmittel konnte eine Reduktion der

Emission um 75 Prozent erreicht werden. Diese Maßnahmen wurden bislang an vier Standorten durchgeführt und sollen im Laufe der Jahre bei weiteren Standorten eingeführt werden. Da die Grammer AG in der Produktion, für die Lackiererei und zur Kühlung der Anlagen eine große Menge an Wasser benötigt, ist die Reduzierung des Wasserverbrauchs auch ein wichtiges Thema. So wird genutztes Prozesswasser direkt im Werk wiederaufbereitet und wiederverwendet. Außerdem erfolgt eine kontinuierliche Messung von Frischwasserzulauf und Abwassermengen (vgl. Grammer Geschäftsbericht 2018, S. 18).

Damit eine Schonung der Ressourcen möglichst erfolgreich umgesetzt wird, orientiert man sich an der Abfallhierarchie. Das heißt, bereits bei der Produktion werden Abfälle vermieden. Schon beim Zuschnitt der verschiedenen Materialien wird auf so wenig Verschnitt wie möglich geachtet. Ist ein Recycling nicht mehr möglich, erfolgt eine ordnungsgemäße Entsorgung (vgl. Grammer Geschäftsbericht 2018, S. 18).

5. Prozess- und Produktverantwortung

Der Grammer Konzern legt einen hohen Wert auf die Sicherheit, Effizienz und Qualität von Produkten und Prozessen. Die Produktverantwortung beginnt schon bei der Entwicklung eines Produktes, erstreckt sich über die gesamte Produktion bis hin zur späteren Anwendung. Wichtige Kriterien sind hier neben Sicherheit, Qualität, Belastbarkeit und Produktinnovation, die nachhaltige Beschaffung.

Im Rahmen der Prozessverantwortung geht es darum Prozesse so zu gestalten und zu kontrollieren, dass zum einen die Einhaltung wichtiger Standards erfolgt und zum anderen die Gewährleistung der Verzahnung innerhalb der gesamten Wertschöpfungskette (vgl. Grammer Geschäftsbericht 2018, S. 19).

5.1 Innovative Produktlösungen

Zur Herstellung der hochwertigen Produkte hat die Grammer AG bestimmte Kernprozesse definiert und in diese erheblich investiert; Standardprozesse werden vermehrt in die Regionen transferiert, um auch vor Ort niedrige Herstellungskosten zu garantieren, sowie eine Senkung der Logistikkosten und eine Minimierung der Warenflüsse zu erreichen. Um den Einsatz von Energie und Emission möglichst gering zu halten, wird durch moderne Technologien eine intelligente Gestaltung angestrebt. So setzt der Konzern auf die weitgehende Umstellung der Produktionsanlagen zum Schäumen, Lackieren und Kleben auf lösemittelreduzierte Materialien. Außerdem arbeitet man bei der Grammer

AG an einer ständigen Optimierung, indem Produkte intelligent und nachhaltig eingesetzt werden. Durch die systematische Reduzierung des Arbeits- und Ressourcenaufwandes, setzt sich das Produktionssystem des Konzerns eine kontinuierliche Verbesserung der Wertströme als Ziel. Dies gelingt durch die bessere Nutzung der materiellen Ressourcen, wie Rohstoffe, aber auch durch intelligente Transporte, wodurch erheblich Energie gespart werden kann (vgl. Grammer Geschäftsbericht 2018, S. 19).

Im Rahmen des sogenannten „Kaizen-Prozesses“, werden auch die Mitarbeitenden systematisch in die Prozessabläufe einbezogen, um diese zu verbessern. Das große betriebswirtschaftliche Ziel ist es, die Verschwendung innerhalb der Prozesse durch Kaizen Workshops- und Events kontinuierlich zu vermeiden. Das betrifft insbesondere die Vermeidung von Verschwendung in Bezug auf unnötige Transporte, hohe Bestände, unnötige Bewegung, Wartezeiten oder Überproduktion (vgl. Grammer Geschäftsbericht 2018, S. 20).

5.2 Innovative Prozesslösungen

Ziel des Konzerns ist die Erhöhung des Innovationsanteils pro Produkt, damit der Ausbau des innovativen Produktportfolios erweitert werden kann. Im Jahr 2019 startete hierfür ein Pilotprojekt, dass den Innovationsanteil pro Produkt misst. Auch die Verankerung des Themas Nachhaltigkeit in der Produktentwicklung ist elementar. Durch ein internes Umwelthandbuch wird diese Verankerung unterstützt. Das Handbuch enthält Vorgaben zur Materialverwendung, sowie Verbotslisten von Materialien und Substanzen. Außerdem werden die erforderlichen Werkstoffe und Stoffkomponenten eines Bauteils erfasst, um ein späteres Recycling der Produkte zu ermöglichen (vgl. Grammer Geschäftsbericht 2018, S. 21).

Im Bereich Leichtbau sorgt der Konzern durch innovative Lösungen dafür, dass die Kunden umweltfreundlich agieren können. Das Thema spielt vor allem bei Mittelkonsolen, Armlehnen und Kopfstützen eine entscheidende Rolle. Durch die Gewichtsreduktion der Produkte, wird zum einem eine erhebliche Reduzierung des Kraftstoffverbrauchs erzeugt und zum anderem werden durch einen geringeren Materialeinsatz die Ressourcen geschont. Eine Gewichtsreduktion wird mittels Funktionsintegration und konstruktiver Auslegung erreicht. Die Materialeinsparung gelingt mittels Schaumspritzguss und durch eine partielle Reduktion der Dichte von PU-Schaumteilen (vgl. Grammer Geschäftsbericht 2018, S. 21).

Neben dem Thema Leichtbau, spielt ebenso das Thema Recycling bei der Grammer AG eine große Rolle. Gefertigte Strukturen aus Stahl können wiederverwendet werden. Ebenso die Verwendung von PU-Schäumen, können nach beendeter Nutzphase thermisch aufbereitet und wiederverwendet werden. Des Weiteren hat der Konzern das Projekt „Smart Textiles" ins Leben gerufen, in welchem es um die Erforschung von recycelten Textilien geht, die u.a. in Fahrzeug-Innenräume und Sitzsystemen integriert werden. Aber auch Maßnahmen zur Erhöhung der Lebensdauer von Produkten, tragen bei der Grammer AG zur Umweltschonung bei. Gerade im Bereich Fahrersitze kommt dem eine hohe Bedeutung zu. Hier gilt es die Kinematik so zu optimieren, dass trotz fortgeschrittenem Produktalters und hoher Belastung, die Federungsperformance nicht nachlässt (vgl. Grammer Geschäftsbericht 2018, S. 21).

Aktuell prüft der Konzern, ob ein Einsatz robusterer Materialien den vorzeitigen Verschleiß von Sitzen entgegenwirken kann, um auch hier die Lebensdauer des Produktes zu erhöhen, um die Umwelt letztlich noch weiter zu schonen (vgl. Grammer Geschäftsbericht 2018, S. 21).

6. Umsetzung der Maßnahmen im Werk Zwickau

Aktuell werden diverse Umweltmaßnahmen im Werk Zwickau durchgeführt, wodurch das Werk bereits heute zur deutlichen Reduktion der CO_2 Emissionen beiträgt. Im Werk Zwickau werden vor allem Kopfstützen und Mittelkonsolen für namenhafte Automobilhersteller produziert. Das Werk, das aktuell 350 Mitarbeitende beschäftigt, besteht seit dem Jahr 2004 und bestricht insbesondere aufgrund seiner guten Lage durch die Nähe zu den Kunden (vgl. Spöttl 2019).

6.1 Herausforderungen und Lösungen

Im Werk Zwickau führte langfristig der Einsatz von wasserbasierten Lacken in Kombination mit lösemittelhaltigen Härtern zu Herausforderungen. Aufgrund der stetig steigenden Produktionsmenge, haben sich der Lösemitteleinsatz und damit auch die Lösemittelemissionen erhöht. Aus diesem Grund musst der Lösemitteleinsatz optimiert werden. Als Lösung setzte man lösemittelfreie Härter und Verdünnung ein. Die Umstellung von Härter und Verdünnung begann im Jahr 2019 (vgl. Spöttl 2019).

Durch diese Optimierung konnten eine Reihe positiver Effekte verzeichnet werden. Aufgrund der Reduktion des Lösemitteleinsatzes unter 15 Tonnen pro Jahr, entfiel die Genehmigungspflicht. Da außerdem keine thermische Nachverbrennung mehr notwendig war, wurde der CO_2-Ausstoß für die Verbrennung des Lösemittels vermieden und die Emissionen von 554,19 Tonnen pro Jahr auf 6,16 Tonnen pro Jahr gesenkt (vgl. Spöttl 2019).

Literatur

Grammer (2018): Gesonderter Nichtfinanzieller Geschäftsbericht. URL: https://www.grammer.com/fileadmin/user_upload/images/investorrelations/Geschaeftsbericht/Geschaeftsbericht_2018/20190315_D_GRM_NFE_geschuetzt.pdf (Abgerufen: 30.01.2020)

Grammer: Unternehmen, Unternehmensprofil. URL: https://www.grammer.com/unternehmen/unternehmensprofil.html (Abgerufen: 30.01.2020)

Grammer: Unternehmen, Nachhaltigkeit. URL: https://www.grammer.com/unternehmen/nachhaltigkeit.html (Abgerufen: 30.01.2020)

Umweltbundesamt (2019): Emissionen aus Betrieben der Metallindustrie. URL: https://www.umweltbundesamt.de/daten/umwelt-wirtschaft/industrie/emissionen-aus-betrieben-der-metallindustrie#umweltbelastende-emissionen-aus-der-metallindustrie (Abgerufen: 14.05. 2020)

Umweltdialog. (14.05.2020). Umweltdialog: Zertifizierter Abbau von „Konfliktmineralien“. URL: https://www.umweltdialog.de/de/wirtschaft/lieferkette/2019/Zertifizierter-Abbau-vonKonfliktmineralien.php (Abgerufen 30.01.20)

Spöttl, L. (2019): Praktisches Nachhaltigkeitsmanagement bei der Grammer AG

Sühlmann, F. (14.05.2020). Nachhaltigkeitspreis: Digitalisierung und Nachhaltigkeit – Unterwegs in Spannungsfeldern. URL: https://www.nachhaltigkeitspreis.de/news/news/digitalisierung-und-nachhaltigkeitunterwegs-inspannungsfeldern/?tx_news_pi1%5Bcontroller%5D=News&tx_news_pi1%5Baction%5D=detail&cHash=5cbf3f5f2d54f2992541e30b21e05c68 (Abgerufen 30.01.20)

TEIL C Nachhaltige Branchenkonzepte

René Schubert

Nachhaltiges Handeln im Finanzsektor

1. Ursprünge und Grundlagen der Nachhaltigkeit

Nachhaltigkeit ist eng verwandt mit dem Begriff der sozialen Verantwortung (Social Responsibility bzw. im unternehmerischen Kontext Corporate Social Responsibility – CSR), die ihre Ursprünge in den ersten ethischen Überlegungen der Menschheit hat. Bereits Konfuzius antwortete im 5. Jh. v. Chr. auf die Frage eines Schülers „Gibt es ein Wort, dem entsprechend man das ganze Leben handeln kann?" mit „Es heißt, Verzeihung'. Was du an dir selbst nicht erfahren möchtest, tue andern auch nicht an" (Zheng 2016).

Die Fortsetzung dieser Betrachtungen findet sich in den heiligen Schriften der Weltreligionen, z.B. in der Bibel – „So wie ihr von den Menschen behandelt werden möchtet, so behandelt sie auch." (Matthäus 7, 12) und in den islamischen Überlieferungen zu Muhammad (13. Hadith): „Keiner von euch ist ein Gläubiger, solange er nicht seinem Bruder wünscht, was er sich selber wünscht." (Grewel et al. 2010, S. 96)

Nachhaltigkeit erweitert das Konzept der sozialen Verantwortung um eine ökologische und eine ökonomische Komponente, so dass man von den „Drei Säulen der Nachhaltigkeit" spricht (siehe Abb. C1.1).

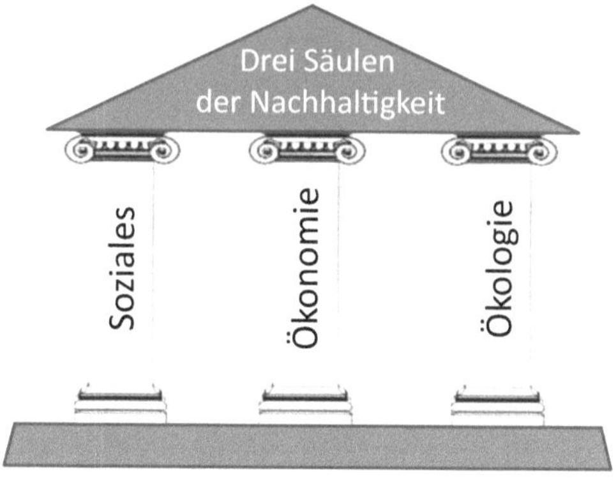

Abbildung C1.1: Drei Säulen der Nachhaltigkeit
Quelle: *eigene Darstellung*

Die Idee der Nachhaltigkeit beinhaltet die gleichwertige Verfolgung von Zielen aller drei Dimensionen und kann bis in die späten Ausläufer des Mittelalters zurückverfolgt werden. Der sächsische Oberberghauptmann Hans Carl von Carlowitz (1645–1714) nutzte den Begriff erstmals in seinem Werk „Sylvicultura Oeconomica“ (von Carlowitz 1713) – siehe Abb. C1.2.

Abbildung C1.2: Sylvicultura Oeconomica.
Quelle: *von Carlowitz 1713*

In dieser Zeit war das Erzgebirge eines der wichtigsten Bergbaugebiete Europas. Holz wurde sowohl zur Energieerzeugung, als auch für den Ausbau der Stollen verwendet. Da überregionaler Transport noch nicht möglich war, fielen fast alle regionalen Wälder dem Bergbau zum Opfer. Man befürchtete ein Ende des Bergbaus und damit auch des regionalen Wohlstands (vgl. Grober 2013). Carlowitz stellte fest, dass die Menschen die Ressourcen erhalten müssten und daher mit der Natur „respektvoll“ und „vorsichtig“ umgehen müssen.

Damit auch künftige Generationen den Wald nutzen können, sollte nur noch so viel Holz geschlagen werden, wie auch wieder nachwachsen kann (vgl. von Carlowitz 1713, S. 105). Durch nachhaltige Forstwirtschaft, aber auch den zunehmenden Einsatz von Kohle lösten sich die damaligen Probleme.

In den letzten Jahren ist eine zunehmende Konvergenz zwischen CSR und Nachhaltigkeit zu beobachten, die vom Brundtland-Bericht 1987 über verschiedene Konferenzen der Vereinten Nationen (u.a. in Rio 1992) bis zu den „Sustainable Development Goals" verfolgt werden kann (vgl. u.a. Schubert 2017, S. 16f).

2. Lohnt sich nachhaltiges Handeln?

Es stellt sich die Frage, ob nachhaltiges Handeln auch wirtschaftlich sein kann bzw. unter gewissen Bedingungen sogar bereits ist. Eine Untersuchung von Schaltegger und Lüdeke-Freund aus dem Jahr 2013 stellt hierzu den ökonomischen Erfolg in Abhängigkeit von der freiwilligen ESG- („Environmental-, Social- & Governance-") Leistung von Unternehmen mit traditioneller und nachhaltiger Ausrichtung schematisch gegenüber, wie die Abbildung C1.3 zeigt.

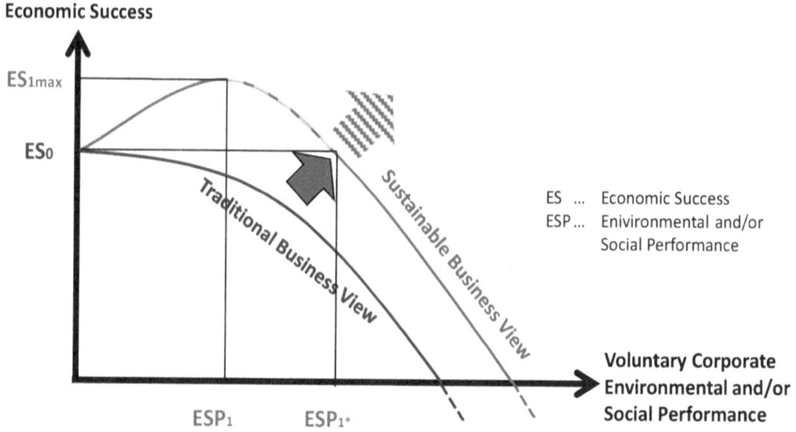

Abbildung C1.3: Ökonomischer Erfolg und freiwillige ESG-Leistung
Quelle: *eigene Darstellung in Anlehnung an Schaltegger und Lüdeke-Freund 2013, S. 247*

In der traditionellen Betrachtung (ohne Nachhaltigkeitsausrichtung, blaue Kurve) geht man davon aus, dass der anfänglich erwirtschaftete wirtschaftliche Erfolg („ES_0") durch freiwillige Umwelt- und/oder Sozialleistungen so lange geschmälert werden kann, bis er ganz aufgebraucht ist bzw. sogar Verluste des Unternehmens produziert werden (blaue Kurve).

Dem gegenüber steht die nachhaltige Sicht (rote Kurve): Freiwillige ökologische und/oder soziale Maßnahmen führen nun zunächst zu einem Anstieg der Wirtschaftlichkeit auf ES_{1Max}, um danach etwa parallel zur traditionellen Kurve abzufallen. Was könnte die Ursache hierfür sein?

Die Treiber dieser Entwicklung sind vielschichtig. Zunächst einmal ist es unstrittig, dass nachhaltig agierende Unternehmen wegen ihrer Abkehr vom schnellen Profit und unfairen Praktiken geringere Risiken aufweisen – das geht von sinkenden (Gerichts-) Prozessrisiken über rückläufige Korruptionsrisiken bis hin zu geringeren Umwelt- oder Investitionsrisiken aus riskanten Projekten. Darüber hinaus lassen sich langfristig durch die Einsparung von Ressourcen (Material, Energie, zufriedenere und damit stärker engagierte und ggf. auch seltener kranke Mitarbeitende) Kosten einsparen. Gestiegene Reputation und ein höherer Markenwert führen zu steigenden Umsätzen; von höherer Attraktivität als Arbeitgeber und größerem Innovationspotential ganz zu schweigen.

Wirtschaftlich, aber auch ethisch besonders interessant ist der grün schraffierte Bereich der roten Linie, da hier die Leistung in allen 3 ESG-Bereichen optimiert werden kann, ohne die ursprüngliche, rein wirtschaftliche Leistung ES_0 zu schmälern. Zudem kann durch Ausweitung der ESG-Maßnahmen die rote Linie weiter nach „rechts oben" ausgedehnt werden (schraffierter roter Pfeil in der Abbildung C1.3).

Die Treiber der erhöhten Wertschöpfung lassen sich auch empirisch belegen: In einer Studie der Harvard Business School (Eccles et al. 2012) wurde der Zusammenhang zwischen dem Börsenwert von 180 Unternehmen (je 90 mit hoher/niedriger ESG-Leistung) und deren Finanzleistung untersucht (vgl. Abb. C1.4).

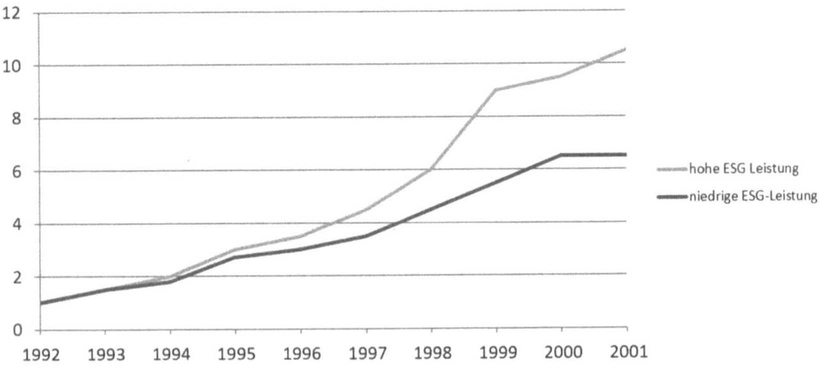

Abbildung C1.4: Finanzielle Leistung in Abhängigkeit von der ESG-Leistung
Quelle: *eigene Darstellung in Anlehnung an Eccles et al. 2012, S. 54*

Während sich in den ersten fünf Jahren nur geringe Unterschiede in der finanzwirtschaftlichen Leistung zwischen beiden Gruppen zeigen, lässt sich bereits nach etwa acht Jahren ein deutlicher Vorteil der finanzwirtschaftlichen Performance bei Unternehmen mit hoher ESG-Leistung nachweisen, der mit der Zeit weiter zunimmt.

Die beschriebenen Zusammenhänge sind zunehmend auch privaten und institutionellen Investoren bewusst, so dass für die Zukunft von einer weiter steigenden Bedeutung von ESG-Indikatoren auszugehen ist. So gab beispielsweise die Allianz im Frühjahr 2018 bekannt, sich komplett aus Geschäften mit Kohleverstromung zurückzuziehen (dpa 2018). Das Wissen um ein solches Verhalten der Investoren fördert wiederum die Bereitschaft der Unternehmen, sich der Thematik Nachhaltigkeit zu verschreiben.

3. Finanzsektor und Nachhaltigkeit

Banken sind zunächst einmal „Unternehmen, die mit Geld handeln" (Eilenberger 2012, S. 11). Man kann somit den Anleger auch als Kreditgeber und den Kreditnehmer als Geldanlage der Bank betrachten (vgl. Abb. C1.5):

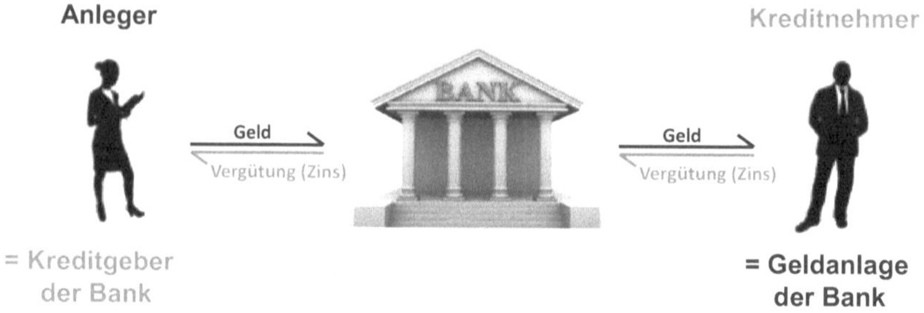

Abbildung C1.5: Geschäftsbeziehungen einer Bank
Quelle: *eigene Darstellung*

Für das Leihen bzw. Verleihen von Geld ist jeweils eine Vergütung in Form von Zins zu zahlen, wobei die Differenz aus Anlage- und Kreditzins die Nettozinsmarge, eine der wichtigsten Einnahmequellen einer Bank, darstellt. Kennzeichnend ist für Bankgeschäfte zudem, dass Kreditinstitute:

- das Ausfallrisiko der Vertragsparteien,
- die Losgrößen der ver- bzw. entliehenen Gelder und
- die Fristen der Verfügbarkeit

entkoppeln, um eine optimale Versorgung der einzelnen Wirtschaftssubjekte (Personen, Unternehmen und Staaten) mit Krediten und Anlagen sicherzustellen. Damit ist jedoch gleichzeitig die hohe Verantwortung und die besondere Rolle der Banken im Wirtschaftskreislauf umrissen.

Banken werden daher auch als „Transmissionsriemen der Volkswirtschaft" bezeichnet. Ebenso wie die Transmissionsriemen in der Zeit der Dampfmaschinen die mechanische Energie in jede Ecke der Fabriken leiteten, nimmt der Finanzsektor bis heute eine strategische Schlüsselrolle in der Volkswirtschaft ein. Das Vertrauen in das Finanzsystem wirkt dabei wie ein Schmiermittel und ist existenziell für seine Wirkung.

Chance und Risiko liegen auch hier nahe beieinander – eine globalisierte Wirtschaft bedingt ein globales Finanzsystem, das unsere Erde wie ein Netz umspannt. Dieses birgt jedoch auch die Gefahr, dass sich lokale Krisen im Handumdrehen weltweit ausbreiten. Es gilt dann abzuwägen, ob ein lokaler Breakdown auf Kosten der Gemeinschaft „repariert" wird, oder aber das Vertrauen auf lange Zeit verspielt wird.

Die Wirtschafts- und Finanzkrise ab 2008 hat das globale Finanzsystem erschüttert und aufgrund der erforderlichen Bankenrettung enorme Kosten für die Weltwirtschaft verursacht (weltweit bis zu 8.000 Mrd. EUR, allein in Deutschland ca. 500 Mrd. EUR (Greive 2013).

Neben diesen Herausforderungen, die zum Großteil über Staatsschulden abgefangen werden mussten, sieht sich die Staatengemeinschaft zur Erreichung der „UN Sustainable Development Goals" einem weiteren jährlichen Finanzbedarf von 5.000 bis 7.000 Mrd. USD ausgesetzt (UNCTAD 2014). Zum Vergleich: Die weltweiten Ausgaben für Verteidigung lagen 2018 für alle Länder der Erde zusammen bei 1.822 Mrd. USD (statista 2019).

Dieser enorme Finanzbedarf veranlasste die Vereinten Nationen 2015 zu der Studie „The Financial System We Need" mit dem Ziel, das bestehende Finanzsystem nicht nur sicherer zu machen, sondern es insgesamt stärker an den Sustainable Development Goals auszurichten (UNEP 2015, S. ii). Hierzu werden die Auswirkungen des Finanzsystems dem jeweiligen Entwicklungsstand gegenübergestellt (vgl. Abb. C1.6).

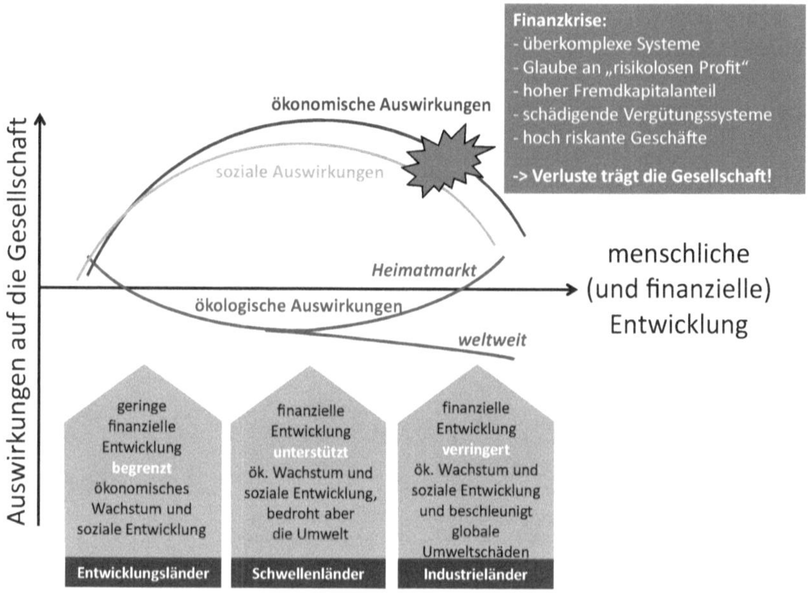

Abbildung C1.6: Aktueller Stand des Finanzsystems.
Quelle: *In Anlehnung an: UNEP 2015, S. xiii*

Die Studie kommt zu dem Schluss, dass bislang eine Fehlausrichtung der Finanzsysteme bezüglich nachhaltiger Entwicklung zu verzeichnen ist. So ist die gegenwärtige Situation dadurch gekennzeichnet, dass eine geringe finanzielle Entwicklung in Ländern mit niedriger bis mittlerer Entwicklung das ökonomische Wachstum und die soziale Entwicklung beschränkt, da kein uneingeschränkter Zugang zu Finanzdienstleistungen vorhanden ist. In den „Emerging Markets" unterstützt das gegenwärtige Finanzsystem ökonomische und soziale Entwicklungen, beschränkt aber die Umwelt, wie zum Beispiel derzeit in China oder Brasilien.

In Industrieländern wirkt der Finanzsektor einer fortgesetzten ökonomischen und sozialen Entwicklung sogar entgegen (siehe ebenfalls Abb. C1.6). Dies ist darin begründet, dass mit einer zunehmenden Abkopplung des Finanzsektors von der Realwirtschaft und überkomplexen Systemen sowie hochriskanten Geschäften zur Steigerung der Erträge die Risiken im Finanzsektor derart zunehmen, dass globale Finanzkrisen mit einer Abwälzung der Lasten auf die gesamte Gesellschaft (wie seit 2007 geschehen) die Folge sein können.

Wünschenswert sind hingegen die in Abb. C1.7 schematisch dargestellten Auswirkungen des Finanzsystems auf die Gesellschaft:

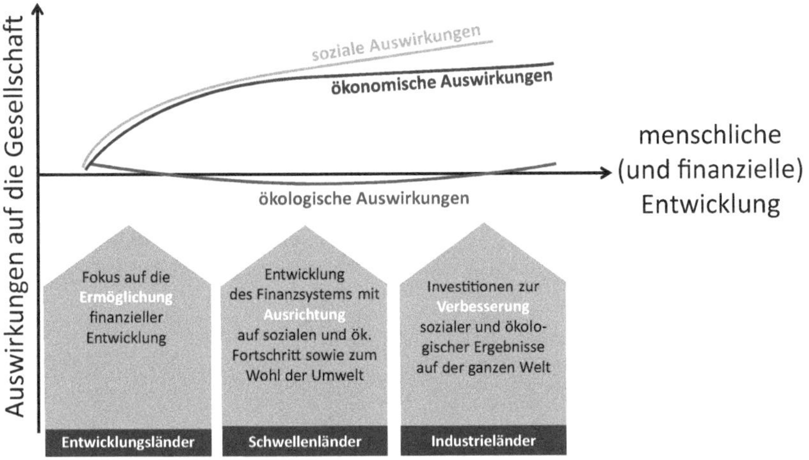

Abbildung C1.7: Wünschenswerter Stand des Finanzsystems.
Quelle: *In Anlehnung an: UNEP 2015, S. xvi*

Während in den Entwicklungsländern der Fokus weiterhin auf einer Förderung des Finanzsektors zur Ermöglichung finanzieller (und menschlicher) Entwicklung liegen soll, sind in den Emerging Markets Umweltschäden zu reduzieren und insbesondere in den Industrieländern die Finanzsektoren sozial und ökologisch (also nachhaltig) auszurichten, damit diese (wieder) zur Verbesserung der gesamtgesellschaftlichen Situation (einschließlich der Umsetzung der SDGs) beitragen können.

Hierzu schlägt die Studie einen ganzen Baukasten an Maßnahmen vor, die in der Abbildung C1.8 zusammengefasst sind.

Verbesserte Marktpraktiken	Nutzung öffentlicher Finanzinstrumente	Gesetzesreformen und Marktstrukturen	Ermutigung kultureller Veränderung
finanzielle Verantwortung	finanzielle Anreize schaffen	Lender Liability (Haftung Kreditgeber)	finanzielle Bildung
Bankenregulierung	Entwicklungsbanken	Kapitalbedarf	Vergütungsregelungen
transparente Berichterstattung	Zentralbanken	Directed Investments	Menschenrechte, Ethik-Codes
Finanzmarktzugang	öffentliche Ausschreibungen	obligatorische Absicherung von Schlüsselrisiken	Marktstruktur (Diversity, Größe von Banken etc.)

Abbildung C1.8: Maßnahmenbaukasten der UNEP-Studie.
Quelle: *eigene Darstellung in Anlehnung an UNEP 2015, S. 40*

Während die erste Säule der Verbesserung der Marktpraktiken gewidmet ist (Bankenregulierung, Verbesserung der Transparenz, Finanzmarktzugang), geht die zweite Säule auf die verstärkte Nutzung öffentlicher Finanzinstrumente ein (Förderbanken, Schaffung von Anreizen etc.). Die dritte Säule ist auf die Schaffung bzw. Verbesserung von Marktstrukturen ausgerichtet (u.a. die Haftung von Kreditgebern für ökologische und soziale Risiken der finanzierten Projekte); die vierte Säule stärkt nochmals die soziale Verantwortung der Finanzinstitute (finanzielle Bildung, Diversity, ethische Aspekte, Vergütungsregelungen etc.).

Auf insgesamt 140 Seiten gibt der Bericht Anregungen für ein leistungsfähiges und verantwortungsbewusstes Finanzsystem der Zukunft, von denen einige bereits in einzelnen Ländern umgesetzt sind (zum Beispiel sind in Brasilien die Finanzierung von Regenwaldabholzungen oder in China von abgasintensiven Anlagen gesetzlich verboten (siehe z.B. UNEP 2015, S. 41).

Andere aufgezeigte Ansatzpunkte, wie zum Beispiel die verstärkte Übernahme von Verantwortung für die finanzierten Projekte und höhere Transparenz, hat die Branche zumindest für Großprojekte über freiwillige Selbstverpflichtungen wie die „Principles for Responsible Investments" oder die „Equator Principles" geregelt (Schubert 2017, S. 64ff.). Damit werden freiwillig Industriestandards gesetzt, bei denen sich die Branche selbst von einzelnen Geschäften abwendet. „Die anfängliche Furcht, die Standards könnten den Banken das Geschäft verhageln, erwies sich als unbegründet." (Bergius 2008) Stattdessen stieg das Geschäft mit Anwendung der Standards sogar weiter an (vgl. ebd.). Zudem werden durch die

Selbstbindungen der Akteure die Standards nicht etwa gesenkt, sondern schrittweise weiter angehoben.

Der Weg zu einem weltweit nachhaltigen Finanzsektor ist noch lang, aber erste Beispiele zeigen ermutigend auf, dass gerade auch die Finanzbranche mit ihrer volkswirtschaftlichen Schlüsselrolle ihren Beitrag zur nachhaltigen Umgestaltung unserer Gesellschaft leisten kann.

4. Empirische Ergebnisse zu den Finanzsektoren in Ghana, China, Argentinien und Deutschland

Der Zusammenhang zwischen der Nachhaltigkeit des Finanzsektors und dem Entwicklungsstand des Umfeldes (d.h., ob es sich um ein Entwicklungs- oder Industrieland handelt) stand zudem im Fokus einer eigenen empirischen Studie (Schubert 2017). Um die Staatengemeinschaft möglichst repräsentativ zu erfassen, wurden anhand des UN Human-Development-Index 2014 vier weitgehend äquidistante Länder ausgewählt (vgl. Abb. C1.9).

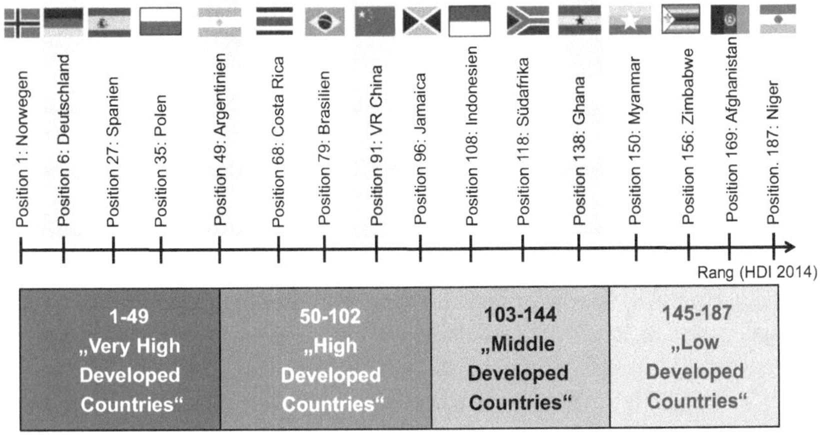

Abbildung C1.9: Länderauswahl anhand UN HDI 2014.
Quelle: *eigene Darstellung*

Zur Datenerhebung wurden ca. 50 Banken in den Zielländern strukturiert interviewt, 200 Privatkunden mit einem standardisierten Fragebogen befragt, vier Zentralbanken untersucht und zahlreiche Multiplikatoren gehört (u.a. Bankenverbände, Universitäten, KfW und GiZ etc.).

Als Ergebnis konnte festgestellt werden, dass in Industrieländern (z.B. Deutschland) das Nachhaltigkeitsangebot der Banken sich an den Erwartungen der Kunden orientiert (vgl. Abb. C1.10); mit sinkendem Entwicklungsstand divergieren jedoch Angebot und Nachfrage wie die Klingen einer Schere. In Entwicklungsländern erwarten die Kunden demnach viel stärker, an den Erträgen des Bankgeschäftes in Form von finanzieller Bildung, Gemeinwohlförderung etc. beteiligt zu werden, als dies in Industrieländern der Fall ist – die Institute hingegen engagieren sich bisher nur in geringerem Umfang und haben das Potential nachhaltiger Geschäftspolitik noch nicht vollumfänglich erkannt, wie die Abbildung C1.10 zeigt.

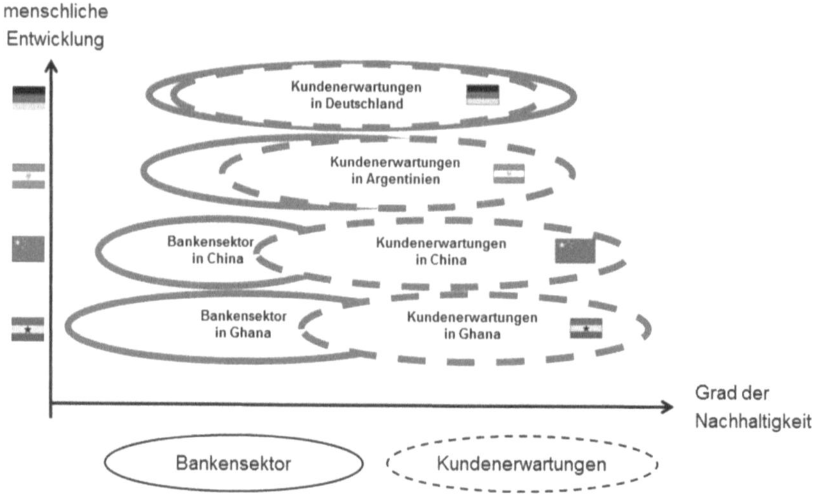

Abbildung C1.10: Nachhaltigkeit: Erwartungen und Angebot.
Quelle: *eigene Darstellung*

An dieser Stelle muss erwähnt werden, dass die Bankenlandschaft in den untersuchten Ländern (mit Ausnahme von China) durchaus Unterschiede aufweist: Beispielweise existieren in Ghana ca. 500 genossenschaftliche Kleinbanken (Credit Unions), die bereits aufgrund ihrer Rechtsform ein hohes Interesse am Gemeinwohl haben (Schubert 2017, S. 91ff.).

Als weitere wichtige Erkenntnis der Studie kann aufgeführt werden, dass die Auslöser zur erstmaligen Beschäftigung mit dem Thema vielfältig sind (Schubert 2017, S. 109f): Während in Argentinien der Bankenkollaps 2001 als zentrales Ereignis gilt, in dessen Folge die Banken versuchten, mit nachhaltiger

Orientierung ihre Daseinsberechtigung („License to operate") bei den Kunden zurückzugewinnen, steht China für eine staatlich „verordnete" Nachhaltigkeit, um den Wachstumskurs seiner Industrie fortsetzen zu können und dem Fachkräftemangel in Industriezentren zu begegnen.

In Ghana erwarten die Kunden zunehmend, am „Kuchen" der Profitabilität beteiligt zu werden – und üben somit einen gewissen Druck auf die Banken aus; in Deutschland weckte hingegen der Pioniergeist Einzelner (z.B. der GLS-Bank) die Industrie auf (unterstützt von Initiativen des Gesetzgebers).

Doch ungeachtet dessen, wie der ursprüngliche Anlass zur Beschäftigung mit dem Thema aus sah, entfaltet bei nahezu allen Instituten das Thema Nachhaltigkeit nach einer gewissen Anfangsphase eine Eigendynamik. Teresa Torgbor, Managerin der BECCU Credit Union in Accra (Ghana), brachte es auf den Punkt: „Investments in Sustainability are profitable – operationally and strategically" (Torgbor 2014).

5. Thesen zur Einbindung unternehmerischer Nachhaltigkeit

Ausgehend von der o.a. Studie sowie umfangreicher Praxiserfahrungen möchte ich mit einigen Thesen schließen, die nicht nur auf Finanzdienstleister, sondern auf alle Unternehmen anwendbar sind.

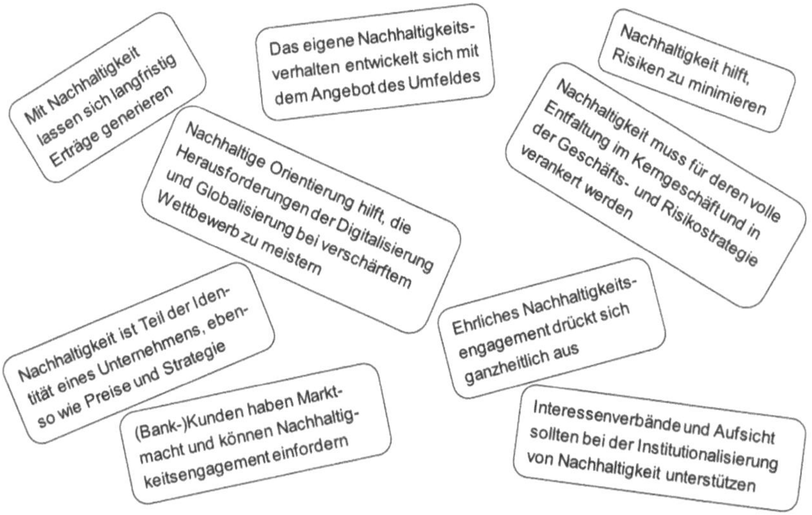

Abbildung C1.11: Thesen zur weiteren Entwicklung der Nachhaltigkeit.
Quelle: *eigene Darstellung*

Fangen wir mit dem Umfeld des Unternehmens an: Wie die Studie zum Bankensektor in verschiedenen Ländern gezeigt hat, wirkt das Umfeld auf das jeweilige Nachhaltigkeitsengagement der Marktteilnehmer. In einem starken Umfeld entsteht eine Sogwirkung, die auch andere mitreißt. Dabei muss Nachhaltigkeit nicht immer Geld kosten: wie in Abschnitt 2 dargelegt werden konnte, lassen sich mit nachhaltiger Orientierung Erträge steigern und Risiken minimieren. Hierzu ist es jedoch erforderlich, das jeweilige Unternehmen ganzheitlich auf Nachhaltigkeit auszurichten und diese in das Kerngeschäft des Unternehmens, also seine „DNA", zu integrieren.

Nachhaltigkeit kommt jedoch nicht nur von innen: Kunden können diese aktiv einfordern, Verbände und andere Stakeholder entsprechend unterstützen. Auch der Staat ist als Stakeholder zu sehen, der mit rechtlichen und/oder programmatischen Rahmenbedingen (als Beispiel sei der Bankensektor in China aufgeführt) Standards setzen kann.

Nachhaltigkeit macht das Geschäft aber nicht nur risikoloser und ertragsreicher, sondern führt insgesamt zu vertrauensvolleren Geschäftsbeziehungen, die die Wertschöpfung vereinfachen. Im Ergebnis entstehen dadurch sogar Freiräume, sich neuen Herausforderungen wie Digitalisierung und Globalisierung zu widmen und im Wettbewerb besser zu bestehen.

Nachhaltigkeit kann daher als globaler Trend interpretiert werden, der Wettbewerbsvorteile schafft und Möglichkeiten eröffnet, auch künftigen Generationen ein gutes Leben auf unserem Planeten zu ermöglichen. Schließen möchte ich daher mit der Frage:

Wann geht Ihr Unternehmen den ersten (oder nächsten) Schritt in Richtung Nachhaltigkeit?

Literatur

Bergius, Susanne (2008): Kreditvergabe: Ökologie prägt Projektfinanzierung. Handelsblatt-Onlinemagazin. vom 16.07.2008. Online verfügbar unter http://www.handelsblatt.com/technik/energie-umwelt/kreditvergabe-oekologie-praegt-projektfinanzierung/v_detail_tab_print/2989958.html (Abgerufen: 28.07.2019)

dpa (2018). Allianz steigt aus der Kohle aus. Handelsblatt vom 04.05.2018. Online verfügbar unter www.handelsblatt.com/finanzen/banken-versicherungen/versicherer-allianz-steigt-aus-der-kohle-aus/21242904.html (Abgerufen: 28.07.2019)

Eccles, Robert G.; Ioannou, Ioannis; Serafeim, George (2012): The Impact of a Corporate Culture of Sustainability on Corporate Behavior and Performance. Working Paper 12-035. Harvard Business School. Online verfügbar unter http://trippel.sdg.no/wp-content/uploads/2014/09/Eccles-HBR_The-Impact-of-a-Corporate-Culture-of-Sustainability1.pdf (Abgerufen: 28.07.2019)

Eilenberger, Guido (2012): Bankbetriebswirtschaftslehre. Grundlagen – Internationale Bankleistungen – Bank-Management. 8., vollst. überarb. Aufl. München: Oldenbourg, R (Lehr- und Handbücher zu Geld, Börse, Bank und Versicherung).

IFC Consulting (2012): The Business Case for Sustainability. International Finance Corporation. Washington, DC. Online verfügbar unter https://www.cbd.int/financial/mainstream/ifc-businesscase.pdf (Abgerufen: 28.07.2019)

Greive, Martin (2013): Deutschland ist einer der größten Verlierer der Krise. Welt und N24-Onlinemagazin. vom 08.09.2013. Online verfügbar unter http://www.welt.de/wirtschaft/article119813280/Deutschland-ist-einer-der-groessten-Verlierer-der-Krise.html (Abgerufen: 28.07.2019)

Grewel, Hans; Becker, Luise; Schreiner, Peter (2010): Quellen der Menschlichkeit. Bibel und Koran – von Christen und Muslimen gedeutet. München: Kösel.

Grober, Ulrich (2013): Die Entdeckung der Nachhaltigkeit. Kulturgeschichte eines Begriffs. München: Kunstmann.

Schaltegger, Stefan; Lüdeke-Freund, Florian (2013): Business Cases for Sustainability. In: Samuel O. Idowu, Nicholas Capaldi, Liangrong Zu und Das Ananda Gupta (Hg.): Encyclopedia of Corporate Social Responsibility. Berlin, Heidelberg: Springer, S. 245–251.

Schubert, R. (2017): Soziale Verantwortung und Nachhaltigkeit im Bankensektor. TU München. Online verfügbar unter http://mediatum.ub.tum.de?id=1344355 (Abgerufen: 28.07.2019)

statista (2019): Entwicklung der weltweiten Militärausgaben von 2004 bis 2018 (in Milliarden US-Dollar). Online verfügbar unter https://de.statista.com/statistik/daten/studie/36397/umfrage/entwicklung-der-weltweiten-militaerausgaben/ (Abgerufen: 23.07.2019)

Torgbor, Teresa (2014): Nachhaltigkeit und CSR in der BECCU Credit Union. Persönlich geführtes Interview von René Schubert am 19.11.2014. Accra.

UNCTAD, United Nations Conference on Trade and Development (2014): World Investment Report 2014 – Investing in the SDGs: An Action Plan. New York: United Nations.

UNEP, United Nations Environmental Programme (2015): The Financial System We Need: Aligning the Financial System with Sustainable Development. Genf. Online verfügbar unter https://wedocs.unep.org/bitstream/handle/20.500.11822/9862/-The_Financial_System_We_Need_Aligning_the_Financial_System_with_Sustainable_Development-2015The_Financial_System_We_Need_EN.pdf.pdf?sequence=15&isAllowed=y (Abgerufen: 28.07.2019)

von Carlowitz, Hannß Carl (1713): Sylvicultura Oeconomica oder haußwirthliche Nachricht und Naturmäßige Anweisung zur Wilden Baum-Zucht. Leipzig: Braun. Online verfügbar unter http://www.mdz-nbn-resolving.de/urn/resolver.pl?urn=urn:nbn:de:bvb:12-bsb10214444-7 (Abgerufen: 28.07.2019)

Zheng, Xuan (2016): Lun Yu – Deutsch. Online verfügbar unter http://www.confucius.org/lunyu/gd1523.htm (Abgerufen: 28.07.2019)

Jessica Knoll

Alternative Antriebskonzepte

1. Einleitung

Kaum ein Thema wurde in den vergangenen Jahren so intensiv und hitzig diskutiert, wie der Klimawandel. Die einen sagen, der Mensch zerstört mit seiner Gier die Erde, die anderen leugnen ihn völlig. Dabei ist das Klima schon immer im Wandel. Eiszeiten wechselten sich mit Warmzeiten ab und Temperaturveränderungen gingen nur langsam vonstatten. Die Erde konnte sich so auf die klimatischen Veränderungen einstellen und daran anpassen. Mit dem von Menschen gemachten Klimawandel ist das anders: Die Erde erwärmt sich innerhalb kürzester Zeit, was für Mensch, Tier und Umwelt verheerende Folgen haben wird (vgl. Blyder 2018).

Der Klimawandel gefährdet die Ökosysteme der Erde und betrifft somit die Existenz der gesamten Menschheit. Schon jetzt sind deutliche Folgen als erste alarmierende Vorboten erkennbar: das schmelzende Eis der Gletscher und Pole, der ansteigende Meeresspiegel, die Zunahme von Wetterextremen und erste Schäden an Ökosystemen (vgl. Greenpeace 2020). Im Vergleich zur vorindustriellen Zeit gibt es bereits einen globalen Temperaturanstieg von 1 Grad Celsius. Diese Zahl klingt zunächst trivial, denn sie erscheint gering, für die Erde ist diese Zahl allerdings schon jetzt eine enorme Belastung. Langfristig wird, die von Menschen beeinflusste globale Erwärmung, die größte Herausforderung der Menschheit sein (vgl. Friedrich 2009). Im Rahmen der UN-Klimakonferenz von Paris wurde am 12. Dezember 2015 das Pariser Abkommen geschlossen, dass alle Staaten dazu verpflichtet ihre Wirtschaft klimafreundlich zu verändern. Es wurde unter anderem das Ziel festgelegt, „die Erderwärmung auf unter 2 Grad Celsius und möglichst unter 1,5 Grad Celsius zu beschränken." (BMU: https://www.bmu.de/themen/klima-energie/klimaschutz/internationale-klimapolitik/pariser-abkommen/). Experten sehen etwa eine 50/ 50 Chance, dieses Ziel zu erreichen und somit die „Klimakatastrophe" zu verhindern.

Das Erreichen der Klimaziele steht und fällt mit der Energiewende.

2. Die Vision der Energiewende

Auch wenn der Begriff „Energiewende" erst seit 2011 die Schlagzeilen beherrscht, wurden die Weichen schon im Jahr 2000 mit dem „Erneuerbare-Energien-Gesetz" (EEG) gestellt, das seither kontinuierlich weiterentwickelt wurde (vgl. Lachmann 2015). Die Reform im Jahr 2014 glich einem Neustart für den Erfolg der Energiewende. Ziel der Reform war es weitere Kostenanstiege zu bremsen und den Ausbau erneuerbarer Energien planvoll zu steuern (vgl. Bundesministerium für Wirtschaft und Energie).

Oftmals wird die Atomkatastrophe von Fukushima als Auslöser für die Energiewende in Deutschland adressiert. Damals wurde durch ein heftiges Beben der Stärke 9 ein Tsunami ausgelöst, der zu Störausfällen im japanischen Kraftwerk Fukushima führte (vgl. Lachmann 2015). Diese Katastrophe bewegte die Welt und mobilisierte insbesondere in Deutschland Atomkraftgegner. Unter dem Eindruck von Fukushima, bewegte sich Deutschland 2011 von der Atomenergie weg, hin zur Ökoenergie (vgl. Müller 2016). 2022 sollen schließlich die letzten Kernkraftwerke abgeschaltet werden (vgl. Öko-Institut). Dennoch, die Atomkatastrophe von Fukushima war nicht der Auslöser für die Energiewende in Deutschland, sondern lediglich ein Einflussfaktor von vielen. Schon im Jahr 2010 erreichte der Bau von Solaranlagen in Deutschland ein Rekordniveau von 7,5 Gigawatt (vgl. Wetzel 2016). Der Windkraftausbau wurde durch Fukushima im Jahr 2011 nur leicht beschleunigt, erst im Jahr 2014 erlebte Deutschland einen echten „Windkraftboom" (vgl. Wetzel 2016).

Durch den Ausstieg aus der Atomenergie aufgrund nuklearer Ängste, erlitt Deutschland zunächst einen herben Rückschlag im Versuch CO_2-Emissionen zu senken. Die CO_2-arme Atomkraft musste nunmehr durch den Mehreinsatz von Braunkohlekraftwerken ersetzt werden. Allerdings unterstütze man zu diesem Zeitpunkt längst den Ausbau erneuerbarer Energien.

Inzwischen strebt die Energiewende primär den Klimaschutz und damit primär eine globale Dekarbonisierung an, deren Ziel die Vermeidung des Treibhausgases CO_2 ist, sowie das Ersetzen fossiler Treib- und Brennstoffe (vgl. Tagblatt 2017). Den wichtigsten Beitrag an der Substitution leistet der Ausbau regenerativer Stromerzeugung aus Wind, Sonne und Wasser. Doch schon jetzt wissen wir, trotz aller Einsparungsbemühungen und Effizienzgewinne, der Bedarf an Strom wird weiter steigen. Aus diesem Grund wird häufig diskutiert, ob die Klimaziele nur durch Solarstrom erreicht werden können oder ob es dafür auch weiterhin die Kernkraft benötigt. Die schwedische Umweltaktivistin Greta Thunberg, die 2019 zu einer globalen Ikone im Kampf gegen die Klimakatastrophe wurde, befeuert diese Debatte. Durch das Teilen eines Beitrages, verlegt Thunberg die Diskussion um die Kernenergie in die Öffentlichkeit, spricht sich allerdings dagegen aus (vgl. Nestler 2019).

So oder so, die Energiewende ist eines der größten Projekte, dass sich die Bundesrepublik vorgenommen hat. Die Klimaziele, die im Pariser Klimaabkommen 2015 vereinbart wurden, können nur durch ein komplett dekarboniertes Energiesystem erreicht werden. Das gesamte Energie- und Verkehrssystem muss vollständig umgebaut werden. Aktuell wird rund ein Drittel des aktuellen Strombedarfs in Deutschland aus erneuerbaren Energien bezogen. Bis 2050 soll diese Zahl auf

80 Prozent steigen (vgl. Bundesministerium für Wirtschaft und Energie). Auch die nachhaltige Entwicklung des Transportsektors bedarf alternativer Antriebe. Findet hier tatsächlich eine nachhaltige Entwicklung statt, wird das neue Energie- und Mobilitätssystem nicht mehr viel mit dem alten gemein haben.

3. Energiewende im Verkehrssektor

Ein Fünftel, des in Deutschland ausgestoßenen Kohlenstoffdioxid ist auf den Verkehr zurückzuführen; allein 96 Prozent werden durch Pkw und Lkw verursacht (vgl. VCD).

In Anbetracht dessen, dass laut Bundesregierung die Emissionen bis 2050 um 40 bis 42 Prozent reduziert werden müssen, um die Ziele des Klimapakets 2050 zu erreichen, wird klar, vor welchen Herausforderungen wir stehen. So sind allen voran im Verkehr tiefgreifende Maßnahmen notwendig (vgl. Bundesministerium für Wirtschaft und Energie).

Es wird nicht reichen, Fahrzeuge effizienter zu gestalten. Zentraler Bestandteil der Klimastrategie ist vielmehr die Vermeidung und Verlagerung des Verkehrs. So braucht es auch völlig neue Mobilitätskonzepte, sowie ein neues Mobilitätsverhalten der Bevölkerung. Mehr Menschen müssen privat auf das Fahrrad, den ÖPNV und die Bahn umsteigen. Das setzt insbesondere Investitionen in eine umfangreichere Fahrradinfrastruktur sowie die Förderung von neuen Nutzungskonzepten (wie z.B. Carsharing) voraus.

Der Schlüssel zur Energiewende im Verkehrssektor sind neue Technologien. Große Potenziale weisen innovative Antriebe und Kraftstoffe auf, die einen wesentlichen Beitrag zum Erreichen der Klimaschutzziele bilden können.

4. Potenziale batterieelektrisch betriebener Fahrzeuge für ein nachhaltiges Wirtschaften

Keine Frage, im Hinblick auf die ökonomischen, ökologischen und sozialen Folgen des Klimawandels und der Umweltbelastung durch Schadstoffe, sind alternative Fahrzeugkonzepte für die Zukunft unabdingbar. Damit die Konzepte aber wirkliche Alternativen darstellen, kommt es insbesondere auf die Energieerzeugung, sowie die Ressourcenbeschaffung für die Batterien an. Für eine nachhaltige Stromerzeugung und Wasserstoffwirtschaft braucht es deswegen die Energiewende, wie die folgenden Punkte erläutern.

4.1 Elektroantrieb

Die Elektrifizierung des Fahrzeugantriebs ist in aller Munde und gilt als die Chance, Klimaziele zu erreichen (vgl. Friedrich 2009). Doch sind die umstrittenen

Elektroautos wirklich so „klimafreundlich"? Ein Elektroantrieb basiert auf einem oder auch mehreren Elektromotoren. Das Herzstück ist hierbei der Akku bzw. die Batterie (vgl. Automobil-Industrie). Häufig findet eine Lithium-Ionen-Batterie Anwendung, da sich diese durch eine hohe Zyklenfestigkeit, hohe Leistungsdichten, kompakte Abmessungen, sowie einen hohen Lade- und Entladungswirkungsgrad auszeichnet. Ein ausgeklügeltes Thermomanagement sorgt zusätzlich für eine lange Lebensdauer der Batteriezellen (vgl. ADAC 2020).

Lokal verursacht das Elektroauto auf der Straße praktisch keine CO_2-Emissionen oder andere Treibhausgasemissionen. Allerdings ist es für die Klimabilanz von geringer Relevanz, wo die Emissionen entstehen, sondern viel mehr, wie hoch diese insgesamt sind. Für die Bewertung der Klimaverträglichkeit ist auch ein Blick auf die Strombereitstellung sowie die Herstellung der Antriebsbatterien und Elektromotoren notwendig (vgl. BMU). Da Deutschland aktuell 60,9 Prozent (Stand: April 2020) Strom aus erneuerbaren Energien bezieht und ein Teil immer noch aus Kohle generiert wird, verlagern Elektroautos in der Praxis tendenziell das Problem (vgl. Breitkopf 2020). Doch mit dem Voranschreiten der Energiewende, wird auch das elektrische Fahren klimafreundlicher. Obwohl auch die Fahrzeuge mit herkömmlichen Antrieben effizienter werden, wird der Ausbau erneuerbarer Energien den Vorsprung des Elektroautos weiter vergrößern (vgl. BMU).

Entscheidend ist ebenso die Batterie und insbesondere die Beschaffung des wichtigen Rohstoffes „Kobalt" für die Batterieherstellung. Zur Beurteilung der Nachhaltigkeit der Batterieherstellung lohnt sich ein Blick auf die Rohstofflieferkette. Hier zeigt sich, dass Elektromobilität zwar durch Politik und Automobilindustrie immer als Schlüssel für die Energiewende im Verkehr angepriesen wird, jedoch bei genauerer Betrachtung erhebliche Mängel sichtbar werden (vgl. Köllner 2018).

4.2 Die Schattenseiten der Rohstofflieferkette

Für die Herstellung der Batterien oder auch Brennstoffzellen, sind verschiedene knappe, nichterneuerbare Rohstoffe erforderlich, deren Vorkommen auf bestimmte Länder beschränkt ist. Oftmals wird dieser Punkt in die Bewertung der Klimaneutralität von Elektroautos so gut wie nicht mit einbezogen (vgl. Köllner 2018). Hier rückt vor allem der Kongo in den Vordergrund, denn kein Land besitzt mehr Vorräte an Kobalt und baut mehr Kobalt ab als der Kongo (vgl. Freytag 2017). Durch den Rohstoffhunger der Automobilbranche leidet die soziale und ökologische Nachhaltigkeit eines Landes, das sich durch Korruption und Bürgerkrieg sowieso in einem völlig instabilen politischen Zustand befindet. Das geriet bei dem Hype um das Elektroauto völlig in Vergessenheit. Vor allem das Leid der Kinder, die in den Minen des Kongos das Kobalt für die

Lithium-Ionen-Batterien unter Zuständen moderner Sklaverei abbauen müssen, wird kaum thematisiert (vgl. Köllner 2018).

Neben dem Rohstoff Kobalt, benötigen die Elektroantriebe ebenso den Rohstoff Lithium. Dieser ist zwar nicht so rar wie Kobalt, aber auch hier sind die Abbaukapazitäten begrenzt. Dadurch wird der Rohstoffabbau teuer und langwierig. Es ergibt sich also in Hinblick auf das Thema Elektromobilität die Schwierigkeit, dass die Automobilindustrie von einer Vielzahl von knappen Rohstoffen abhängig ist, neben Kobalt und Lithium gehören auch Graphit, Nickel und Mangan dazu. Hier müssen die Rohstoffmärkte berücksichtigt und die Rohstoffversorgung abgesichert werden. Um eine sichere und nachhaltige Zukunft zu gestalten, sind die Autobauer gefragt, denn diese müssen ihre Wertschöpfungskette fundamental verändern (vgl. Köllner 2018). Außerdem muss kontinuierlich an der Entwicklung leistungsfähigerer Batterien gearbeitet werden. Auch die Widerverwendbarkeit bzw. Recyclingfähigkeit der Batterien ist noch ein wichtiges Forschungsthema.

4.3 Neue Perspektiven

Themen wie Recycling und 2nd-Life von Akkus werden auch in Zukunft immer mehr an Relevanz gewinnen. So wird es künftig eine Vielzahl gebrauchter Fahrzeugbatterien geben. Diese werden zwar nicht vollständig den hohen Leistungsanforderungen im Auto genügen, aber dennoch besitzen sie die Fähigkeit elektrische Energie zu speichern. Das Geschäft mit der Aufbereitung und Wiederverwendung von Batterien wird sich sicher langfristig zu einem Millionengeschäft entwickeln, durch das nicht nur die Natur profitiert, sondern auch der Endverbraucher (vgl. Doppelbauer 2019). Genau dasselbe gilt für die Batterien. Aufgrund des einfachen Zellaufbaus ist ein Recycling hier genauso möglich. Zwar gestaltet sich dieser Vorgang bei Batterien aufgrund des hohen Energieaufwandes beim Recycling als schwierig, doch scheint es hier mittelfristig gute Lösungen zu geben. So könnte das Lithium für neue Zellen auch aus Sekundärmaterial gewonnen werden (vgl. Doppelbauer 2019).

Aber auch der sehr kritische Faktor „Kobalt“ wird langfristig geringer, da die Nutzung von Kobalt in Autobatterien immer mehr abnimmt. Schaut man auf Tesla Motors bestätigt sich dies. Für die nächste Batteriegeneration möchte der Hersteller weitgehend auf Kobalt verzichten (vgl. Teslamag 2018). Andere Hersteller werden ebenso nachziehen.

4.4 Hybrid als Brückentechnologie

Hybridfahrzeuge sind mittlerweile zu einem festen Bestandteil der Serienprodukte eines Herstellers geworden. Mit 239.250 Pkw-Neuzulassungen sind

Hybridfahrzeuge die häufigste Alternative zu konventionellen Antrieben (vgl. Breitkopf 2020). Dies ist darauf zurückzuführen, dass der Hybridantrieb für den Endverbraucher am einfachsten nutzbar ist (sowohl für Kurz- als auch Langstrecken) und daher eine hohe Akzeptanz erfährt.

Hybridantriebe kombinieren einen konventionellen Verbrennungsmotor mit einem Elektromotor. Beide Teile spielen intelligent zusammen und ermöglichen so eine Kraftstoffersparnis sowie deutlich verringerte Abgasemissionen (vgl. Toyota). Die Vereinigung beider Motorenarten soll die Vorteile beider hervorheben und die Nachteile ausgleichen. Dies bedeutet, die hohe Reichweite des Verbrennungsmotors wird mit dem „lokal emissionsfreien elektrischen Fahren" in der Stadt optimal kombiniert (vgl. Reif 2012). Da die eingesetzte Energie durch die Start-Stopp-Funktion effizienter genutzt wird, kann der Energieverbrauch letztlich gesenkt werden. Außerdem lässt sich der Elektromotor als Generator benutzen, wenn das Fahrzeug bremst. Durch den Bremsvorgang wird kinetische Energie in elektrische Energie umgewandelt und kann so für das Wiederaufladen der Batterie verwendet werden (vgl. Reif 2012). Man unterscheidet zwischen seriellen Hybridantrieben, parallelen Hybridantrieben und leistungsverzweigten Hybridantrieben. Werden die Systeme nach dem Grad ihrer Hybridisierung geordnet, so unterscheidet man zwischen Mildhybrid, Vollhybrid und Plug-in-Hybrid. Dadurch kann im Vergleich zu herkömmlichen Benzinfahrzeugen 15–25 Prozent Kraftstoff eingespart werden (vgl. Weissenborn 2020).

4.5 Wasserstoff und Brennstoffzelle

Technische Durchbrüche, Innovationswettbewerb und diverse Gesetzgebungen führen nunmehr zu milliardenschweren Entwicklungsanstrengungen. Neben Elektroautos und Hybridfahrzeugen gewinnt insbesondere die wasserstoffbetriebene Brennstoffzelle an Aufmerksamkeit (vgl. Wieder 2004). Aufgrund des zunehmenden Energiebedarfs, sowie einer steigenden Umweltbelastung bietet sich die Nutzung des Wasserstoffes als Alternative zu fossilen Energieträgern (vgl. Klell 2018).

Schaut man sich den Markt genauer an, stellt man aber schnell fest, dass Brennstoffzellenfahrzeuge bislang noch ein Nischenprodukt sind. Die Vorteile von Brennstoffzellenautos bestehen darin, dass sie sich innerhalb weniger Minuten auftanken lassen; auch kann Wind- und Solarstrom genutzt werden, da dieser durch Elektrolyse in Wasserstoff umgewandelt und gespeichert werden kann (vgl. FAZ 2020). Und auch die Reichweite der Brennstoffzellenfahrzeuge ist größer als die der Elektroautos. Außerdem entstehen keine schädlichen Emissionen, denn es tritt lediglich Wasserdampf aus. Was dem Antrieb „Wasserstoff" zum Durchbruch fehlt, ist seine kostengünstige und umweltfreundliche

Herstellung. Wenn diese Hürde genommen wäre, könnte dies Wasser-, Luft-, und Straßenverkehr tiefgreifend verändern (vgl. Frahm 2020).

Auch die Verkehrsinfrastruktur müsste in Deutschland für Wasserstoff ausgebaut werden. Zurzeit existieren nur wenige Wasserstofftankstellen. Landesweit kommt man auf eine Zahl von 84 Tankstellen, Stand: Juli 2020 (vgl. H2 2020). Damit der Aufbau einer kompletten Infrastruktur funktioniert, schätzen Wissenschaftler des Forschungszentrums Jülich, werden Investitionen in Höhe von 61 Milliarden Euro benötigt (vgl. Jülich 2017). Zudem kommt Wasserstoff klassischerweise nicht in seiner reinen Form in der Natur vor. Daher muss er zunächst teuer aus Wasser und Erdgas hergestellt werden. Dies führt zwangsläufig zu zusätzlichen Transporten, aber auch der erforderlichen Lagerung und damit insgesamt zu einem höheren Energieverbrauch (vgl. Wallerang 2020).

5. Aktuelle Entwicklungen

Die anhaltende Corona Krise hat die deutsche Wirtschaft stark getroffen. Seit Mitte März lassen geschlossene Grenzen und Geschäfte das Wirtschaftsleben zunehmend einbrechen. Deutschland steuert in die schwerste Rezession der Nachkriegsgeschichte (vgl. FAZ 2020). Vor allem die Automobilbranche leidet durch das anhaltende Nachfragetief der Konsumenten. Der Moment könnte nicht ungünstiger sein, steht doch die Branche mit dem Umbau zur Elektromobilität sowieso vor einer seiner größten Herausforderungen. Welche Folgen haben also die aktuellen Entwicklungen hinsichtlich der Elektromobilität? (vgl. Hahne 2020).

„Mit Wumms aus der Krise." – So stellte Bundesfinanzminister Scholz das Konjunkturpaket der Bundesregierung vom 3. Juni 2020 vor. Dabei sollen Elektroautos und Plug-in Hybride durch Prämien verstärkt gefördert werden, während der klassische Verbrenner keine Förderung erhält und damit auf der Strecke bleibt (vgl. Marc 2020). Und offenbar wirken diese Maßnahmen. Trotz Corona Krise zeigt eine Studie des Center of Automotive Management in Bergisch Gladbach, dass die Nachfrage nach Elektroautos in den ersten vier Monaten des Jahres 2020 deutlich gestiegen ist (vgl. FAZ 2020). Das liegt zum einem an den günstigen Konditionen der Hersteller und zum anderem an den aktuellen Kaufprämien. Die Studie zeigt auch, dass weltweit betrachtet in Deutschland aktuell die größte Dynamik hinsichtlich des Elektrofahrzeugabsatzes stattfindet. Treiber für die positive Entwicklung in Deutschland sind aber vor allem die Plug-in Hybride. Mit 239.250 Pkw-Neuzulassungen zeigt sich hier ein deutlicher Trend. Große Hersteller wie Audi, BMW oder Daimler erweitern nun immer mehr ihr Angebot, Volkswagen hat 2019 damit begonnen, seine Fertigung im Zwickauer Werk vollständig auf Elektroautos umzustellen (vgl. Ahlswede).

Volkswagen möchte mit dem neuen ID.3 an alte Erfolge des Modells „Käfer“ oder „Golf“ anknüpfen und ein Elektroauto bauen, dass für ein Massenpublikum taugt. Der Plan scheint jedoch risikoreich. Anders als viele andere deutsche Automobilhersteller, hat sich Volkswagen auf den Elektroantrieb festgelegt. Bis 2028 strebt der Konzern an 22 Millionen Elektrofahrzeuge zu verkaufen. In seine Elektrooffensive investierte der Volkswagen Konzern bereits über 30 Milliarden Euro. Die Produktion klassischer Verbrennungsfahrzeuge wird nach und nach zurückgehen (vgl. Menzel 2019). Doch um das Auto der Zukunft duelliert ebenso Tesla. Volkswagen ist zwar bei den klassischen Verbrennungsmotoren die unumstrittene Nummer Eins, doch Tesla ist den Wolfsburgern gerade bei dem Thema Software voraus. Der aus Silicon Valley stammende Autokonzern setzt auf eigenes Know-How und einer hohen Fertigungstiefe. Volkswagen steht erst am Anfang zu lernen, die Informationstechnologie als neue Kernkompetenz zu verstehen und dabei eben auch auf eigenes Know-How zurückzugreifen (vgl. Afhüppe et al. 2020). Auch an Erfindungen und Innovationen forscht Tesla effizienter und zielgerichteter. Von rund 462 Erfindungen waren bei den Wolfsburgern nur jede siebte eine echte Neuheit, bei Tesla fast jede zweite (vgl. Afhüppe et al. 2020). Die zentrale Frage ist, ob der Volkswagen Konzern seine Softwareprobleme schneller in den Griff bekommt oder Tesla seine Verkaufszahlen schneller hochfahren kann (vgl. Afhüppe et al. 2020).

6. Fazit

Dass sich das Elektroauto langfristig durchsetzen wird, ist keine Frage, schließlich ist dies vor allem politisch so gewollt. Auch China spielt eine elementare Rolle, denn es treibt die Elektromobilität staatlich gelenkt auf seinem Binnenmarkt mit Vehemenz voran. Dies geschieht insbesondere aus zweierlei Gründen. Zum einem ersticken die Großstädte Chinas im Smog, zum anderem möchte China den nie eingeholten technischen Vorsprung der Europäer im Motorenbau kompensieren. Doch bis dies so weit ist, muss geklärt werden, wie man den Aufbau einer Ladeinfrastruktur mit Ladesäulen und kurzen Ladezeiten verfügbar macht. Die Akzeptanz der Elektromobilität wird im Wesentlichen von der Reichweite, Infrastruktur, Ladegeschwindigkeit und Sicherheit des elektrischen Betriebes abhängen (vgl. Appel 2019). Diese Eigenschaften stehen im unmittelbaren Zusammenhang mit den Eigenschaften des Batteriesystems.

Klar ist, dass das Zeitalter der Elektromobilität beginnt. Aber ein seit Jahrhunderten verlässlicher Verbrennungsmotor, der gute Dienste geleistet hat, ist nicht von heute auf morgen zu ersetzen – auch nicht, aufgrund von beschlossenen Klimazielen, die erreicht werden müssen. Aus diesem Grund wird es wahrscheinlich auch langfristig keinen vollständigen Ersatz der klassischen

Verbrennungsmotoren geben, sondern vielmehr sein Optimierungspotential stärker ausgeschöpft werden. Auch werden Konzepte wie die Hybridisierung zukünftig vermutlich ein fester Bestandteil der angebotenen Fahrzeuge der Automobilbranche sein.

Insgesamt muss die Automobilindustrie danach streben, ihren Rohstoffhunger mit dem Wunsch nach nachhaltiger und klimafreundlicher Mobilität so zu verbinden, dass einerseits der Klimaschutz in den rohstoffreichen Ländern realisiert wird und andererseits menschenwürdige Arbeitsbedingungen der Rohstoffgewinnung über die gesamte Wertschöpfungskette der Automobilindustrie sichergestellt werden.

Literatur

ADAC: Der Elektroantrieb – so funktioniert ein Elektroantrieb. URL: https://www.adac.de/rund-ums-fahrzeug/elektromobilitaet/antrieb/elektroantrieb/ (Abgerufen: 14.05.2020)

Afhüppe, S., Demling, A., Jahn, T., Murphy, M., Menzel, S. (2020): Handelsblatt. Duell um die Zukunft – Tesla gegen VW: Kann den Wolfsburgern die Aufholjagd noch gelingen. URL: https://www.handelsblatt.com/unternehmen/industrie/duell-um-die-zukunft-tesla-gegen-vw-kann-den-wolfsburgern-die-aufholjagd-noch-gelingen/25480802.html?ticket=ST-2721998-3xbfOsJCMvbVWNFHz2kD-ap2 (Abgerufen: 14.05.2020)

Ahlswede, A. (2020): Statista – Anzahl der Neuzulassungen von Pkw mit alternativen Antrieben in Deutschland im Jahr 2019. URL: https://de.statista.com/statistik/daten/studie/223040/umfrage/neuzulassungen-fuer-pkw-mit-alternativen-antrieben-in-deutschland/ (Abruf: 14.05.2020)

Appel, H. (2019): FAZ-Institut, Wie sieht die Mobilität der Zukunft aus. URL: https://www.faz-institut.de/wp-content/uploads/sites/2/2019/09/05-LOW-WEB-APPEL-GESCHUETZT-V-01-2019.pdf (Abruf: 29.04.2020)

Bundesministerium für Umwelt, Naturschutz und nukleare Sicherheit: Die Klimakonferenz in Paris. URL: https://www.bmu.de/themen/klima-energie/klimaschutz/internationale-klimapolitik/pariser-abkommen/ (Abgerufen: 14.05.2020)

Bundesministerium für Wirtschaft und Energie: Das Erneuerbare-Energien-Gesetz. URL: https://www.erneuerbare-energien.de/EE/Redaktion/DE/Dossier/eeg.html?cms_docId=73930 (Abgerufen: 14.05.2020)

Blyder, K. (2018): Klimawandel. Ursachen und Folgen einfach erklärt. URL: https://www.oncampus.de/blog/2018/12/21/klimawandel-ursachen-und-folgen-einfach-erklaert/ (Abgerufen: 14.05.2020)

Breitkopf, A. (2020): Anteil erneuerbarer Energien an der Stromerzeugung pro Monat in Deutschland von Juni 2019 bis Juni 2020. URL: https://de.statista.com/statistik/daten/studie/779784/umfrage/monatlicher-anteil-erneuerbarer-energien-an-der-stromerzeugung-in-deutschland/ (Abgerufen: 05.06.2020)

Doppelbauer, M. (2019): Strategiepapier elektrische Pkws – aktueller Stand und zukünftige Entwicklung

Dorna, W. (2019): Manager-Magazin. VW startet Elektroauto-Produktion in Zwickau-Volkswagen Risikospiel heißt ID.3. URL: https://www.manager-magazin.de/unternehmen/autoindustrie/vw-id-3-elektroauto-produktionsstart-in-zwickau-welche-risiken-vw-eingeht-a-1294831.html (Abgerufen: 14.05.2020)

Enbw (2020): Hybridantrieb. Funktionsweise Hybridantrieb – aus zwei mach eins. URL: https://www.enbw.com/energie-entdecken/mobilitaet/hybridantrieb/ (Abgerufen: 14.05.2020)

Frahm, C. (2020): Spiegel, Was dem Wunderantrieb Wasserstoff zum Durchbruch fehlt. URL: https://www.spiegel.de/auto/wasserstoff-wie-die-brennstoffzelle-die-weltweite-mobilitaet-veraendert-a-268d3939-b0ab-43ca-af01-a32bc130f19c (Abgerufen: 29.04.2020)

Frankfurter Allgemeine (2020): Corona-Krise trifft deutsche Wirtschaft hart. URL: https://www.faz.net/aktuell/wirtschaft/corona-krise-trifft-deutsche-wirtschaft-hart-16770658.html (Abgerufen:14.05.2020)

Frankfurter Allgemeine (2020): Günstige Konditionen. Nachfrage nach E-Autos steigt deutlich. URL: https://www.faz.net/aktuell/wirtschaft/auto-verkehr/trotz-corona-steigt-die-nachfrage-nach-elektroautos-16767277.html (Abgerufen: 14.05.2020)

Freytag, B. (2017): Frankfurter Allgemeine – Der Weg zum Elektroauto führt über den Kongo. URL: https://www.faz.net/aktuell/wirtschaft/unternehmen/die-batterie-entscheidet-ueber-das-e-auto-kommentar-15109179.html (Abgerufen: 14.05.2020)

Friedrich, F. (2009): Betriebswirtschaftlicher Vergleich zwischen einem brennstoffzellenbetriebenen und einem batteriebetriebenen Elektroantrieb. Hamburg: Diplomica Verlag.

Gelowicz, S. (2019): Automobil-Industrie, Kurz erklärt: Was ist ein Elektroantrieb. URL: https://www.automobil-industrie.vogel.de/was-ist-ein-elektroantrieb-a-848818/ (Abgerufen: 14.05.2020)

Greenpeace: Ökosystem Erde in Gefahr. URL: https://www.greenpeace.de/themen/klimawandel/folgen-des-klimawandels (Abgerufen: 14.05.2020)

Hahne, S. (2020): Deutschlandfunk. Coronavirus und die Autoindustrie – Nagelprobe für eine Branche im Umbruch. URL: https://www.deutschlandfunk.de/

coronavirus-und-die-autoindustrie-nagelprobe-fuer-eine.2897.de.html?dram:article_id=473726#ziela (Abgerufen: 14.05.2020)

H2 (2020): Netzausbau live. Der aktuelle Stand für Deutschland. URL: https://h2.live/ (Abgerufen: 18.07.2020)

Hilgenberg, J. (o.J.): Klimaschutz im verkehr – ohne Verhaltensänderung kein Erfolg zu erwarten. URL: https://www.bund.net/themen/mobilitaet/klimaschutz-im-verkehr/ (Abgerufen: 14.05.2020)

Jülich (2017): Jülich Forschungszentrum. Energiewende: So wird der Umstieg auf Wasserstoff konkret. URL: https://www.fz-juelich.de/SharedDocs/Pressemitteilungen/UK/DE/2017/2017-03-09-h2-szenario-ires.html?nn=557120 (Abgerufen: 14.05.2020)

Klell, M.; Eichlseder, H.; Trattner, A. (2018): Wasserstoff in der Fahrzeugtechnik. 4. Aufl. Graz: Springer Vieweg.

Köllner, C. (2018): Elektromobilität. Die Schattenseiten der Rohstofflieferkette. URL: https://www.springerprofessional.de/elektromobilitaet/ressourceneinsatz/die-schattenseiten-der-rohstofflieferkette/15283350 (Abgerufen: 14.05.2020)

Marc, (2020): Die neue Innovationsprämie für Elektroautos. URL: https://www.leasingmarkt.de/magazin/elektro/neue-praemie-elektroauto (Abgerufen: 14.05.2020)

Manager-Magazin (2019): Auf diese Entscheider sollten Sie 2020 achten. 5. Teil: Greta Thunberg – Ikone auf Bewährungsprobe. URL: https://www.manager-magazin.de/politik/weltwirtschaft/greta-thunberg-isabel-schnabel-wer-2020-wichtig-wird-a-1299533-5.html (Abgerufen: 14.05.2020)

Menzel, S. (2019): Autobauer. So will Volkswagen den markt für E-Mobilität erobern. URL: https://www.handelsblatt.com/unternehmen/industrie/autobauer-so-will-volkswagen-den-markt-fuer-e-mobilitaet-erobern/24328952.html?ticket=ST-6351894-btsaPa4HYdgC0rNGhNHx-ap1 (Abgerufen: 14.05.2020)

Müller, J. (2016): Energiewende – Fukushima und das Ende der Kernkraft. URL: https://energiewinde.orsted.de/klimawandel-umwelt/fukushima-atomausstieg-deutschland (Abgerufen: 14.05.2020)

Nestler, R. (2019): Tagesspiegel – Die Gretafrage. Braucht Klimaschutz die Kernkraft. URL: https://www.tagesspiegel.de/wissen/die-gretafrage-braucht-klimaschutz-die-kernkraft/24168766.html (Abgerufen: 14.05.2020)

Reif, K.; Noreikat; Borgeest, K. (Hrsg.) (2012): Kraftfahrzeug – Hybridantriebe. Grundlagen, Komponenten, Systeme, Anwendungen. Wiesbaden: Springer Vieweg.

Reumschüssel, A. (2019): Warum du mit Elektroautos nicht die Welt rettest. URL: https://ze.tt/warum-du-mit-elektroautos-nicht-die-welt-rettest/ (Abgerufen: 14.05.2020)

Lachmann, W., Haupt, R., Schmitz, S, (Hrsg.) (2015): Die Energiewende. Zwischen Vision und Wirklichkeit. Holzgerlingen: SCM Verlag.

Schnurnberger, W., Janßen, H., Wittstadt, U. (2004): Methoden der Wasserstofferzeugung. URL: https://www.fvee.de/fileadmin/publikationen/Themenhefte/th2004/th2004_03.pdf (Abgerufen: 14.05.2020)

Tagblatt (2017): Energiewende – Vierte industrielle Revolution. URL: https://www.tagblatt.ch/ostschweiz/frauenfeld-munchwilen/energiewende-vierte-industrielle-revolution-ld.768313 (Abgerufen: 14.05.2020)

TESLAMAG (2018): News. Tesla will in der nächsten Akku-Generation überhaupt kein Kobalt mehr verwenden, sagt Musk. URL: https://teslamag.de/news/tesla-akku-generation-kobalt-musk-19134 (Abgerufen: 18.06.2020)

Toyota: So funktioniert Hybrid – Die Zukunft der Mobilität. URL: https://www.toyota.de/hybrid/so-funktioniert-hybrid (Abgerufen: 14.05.2020)

VCD (o.J.): Klimafreundliche Mobilität. Klimawandel und Verkehr. URL: https://www.vcd.org/themen/klimafreundliche-mobilitaet/ (Abgerufen: 18.06.2020)

Volkswagen: Dakarbonisierung – was ist das?. URL: https://www.volkswagenag.com/de/news/stories/2019/03/decarbonization-what-is-it.html (Abgerufen: 14.05.2020)

Wallerang, L. (2020): Motor-informations-dienst (mid): Vor- und Nachteile alternativer Kraftstoffe. https://www.wiso-net.de/document/MID__b9ec5592bfd9cbd83c5955dc92fe47d2ef0357f4

Weissenborn, S. (2020): Mobil. Der Fahrzeugmarkt für die Region: Die Kraft der zwei Herzen. General Anzeiger.

Wetzel, D. (2016): WELT – Der große Schwindel der deutschen Energiepolitik. URL: https://www.welt.de/debatte/kommentare/article153168034/Der-grosse-Schwindel-der-deutschen-Energiepolitik.html (Abgerufen: 14.05.2020)

Wieder, M.; Metzner, A.; Rammler, S. (2004): Das Brennstoffzellen-Rennen: Aktivitäten und Strategien bezüglich Wasserstoff und Brennstoffzelle in der Automobilindustrie: WZB Berlin Social Science Center.

TEIL D Nachhaltige Verkehrskonzepte

Monique Dorsch

Alte Trasse erfolgreich wiederbelebt - Die Vinschgerbahn

1. Einleitung

„Zunächst wollten weder die Behörden noch ein Großteil der Bürger die Vinschgerbahn. Nur eine Handvoll Umweltschützer kämpfte dafür. Heute ist die Südtiroler Zugverbindung ein von allen geschätztes Erfolgsmodell.“[1]

Das Südtiroler Eisenbahnnetz setzt sich aus vier Teilabschnitten zusammen: der Brennerlinie mit der Strecke Brenner–Bozen–Ala, der Vinschgerbahn mit der Stecke Meran–Mals, der Meraner Linie mit der Strecke Bozen–Meran und der Pustertalbahn mit der Strecke Innichen–Franzensfeste. Dabei wird insbesondere die Vinschgerbahn regelmäßig als gelungenes Beispiel für umweltfreundliche Mobilität genannt. Aufgrund ungenügender Fahrgastzahlen und schlechter Zukunftsperspektiven war die Bahn 1991 von den italienischen Eisenbahnen stillgelegt worden. Acht Jahre später übernahm die Provinz Südtirol die Strecke, um sie zu reaktivieren, modernisieren und schließlich wieder in Betrieb zu nehmen.[2]

Die Initiatoren stießen dabei allerdings nicht nur auf Wohlwollen und mussten jahrzehntelang zunächst für den Erhalt der alten Bahn und dann für dieses Projekt kämpfen: „*Wir wollten keine Nostalgie auf Schienen, wir suchten ein modernes, ökologisches Konzept.*“[3] Nicht nur die Behörden wollten lieber in den Straßenausbau investieren: „*Hätte es eine Volksabstimmung gegeben, wäre eine große Mehrheit gegen die Bahn*

---

1 Entenmann, Uschi: Zurück in die Zukunft mit der Vinschgerbahn, in: CIPRA International (Hrsg.): Wir Alpen! Menschen gestalten Zukunft (3. Alpenreport), Schaan 2007, 28

2 vgl. o.V.: Südtirolbahn, http://www.vinschgauerbahn.it/de/bahnhoefe.asp, 01.09.2012; o.V.: Südtirol-Bahn, http://www.eisenbahn.it/drupal/suedtirol-bahn, 01.09.2012; CIPRA International: Verkehr im Klimawandel, Schaan 2010, 32

3 Henrich Zoderer (ehem. Vorsitzender der Umweltgruppe Vinschgau), zit. in: Entenmann, Uschi: Zurück in die Zukunft mit der Vinschgerbahn, in: CIPRA International (Hrsg.): Wir Alpen! Menschen gestalten Zukunft (3. Alpenreport), Schaan 2007, 33

gewesen.“[4] Selbst als es von Seiten der Politik grünes Licht gab, musste man den Bürgern den ökologischen und praktischen Nutzen der Bahn erst noch nahebringen. Schließlich sollten die Einwohner die Bahn später auch regelmäßig nutzen.[5]

2. Die Region aus demographischer, wirtschaftlicher und touristischer Sicht

Im Westen Südtirols gelegen, stellt der Vinschgau eine landschaftlich attraktive und abwechslungsreiche Region in den Ostalpen dar. Er erstreckt sich, umgeben von Bergkämmen, entlang des Etschtals. Hier befindet sich auch der höchste Berg Südtirols – der Ortler mit 3.905 m.

Der Vinschgau lässt sich in Obervinschgau und Untervinschgau gliedern. Insgesamt leben hier rund 35.000 Einwohner, die Einwohnerdichte beträgt 25 Einwohner/km^2. Die größten und wichtigsten Gemeinden sind Schlanders, Naturns, Latsch und Mals. Verglichen mit Südtirol ist die Bevölkerungsdichte hier etwas geringer, das Bevölkerungswachstum aber ähnlich.

Der Vinschgau ist landwirtschaftlich geprägt und insbesondere durch den Obstanbau bekannt, der von den zahlreichen Sonnentagen pro Jahr profitiert. Allerdings handelt es sich hier auch um eine der trockensten Landschaften der Alpen, was intensive Bewässerung in der Landwirtschaft erforderlich macht.[6]

In der Region sind ca. 3.100 Erwerbstätige in der Landwirtschaft, ca. 4.500 im produzierenden Gewerbe und ca. 10.000 im Dienstleistungssektor tätig. Die Anzahl der Berufseinpendler beträgt 51 %, die der Auspendler 59 %. In den Schulen der Region lernen etwa 4.600 Schüler.[7]

Aufgrund der landschaftlichen und kulturellen Reize ist der Vinschgau im Sommer und Winter eine beliebte Ferienregion, gilt allerdings nicht als „touristische Hochburg“. Nach Ansicht des Tourismusverbands Vinschgau wurden die vorhandenen Potentiale längst noch nicht ausgeschöpft.

---

4 Helmuth Moroder (Projektleiter beim Wiederaufbau der Vinschgerbahn), zit. in: ebd., 30

5 vgl. ebd.

6 vgl. Zegg, Roland; Küng, Thomas; Huder, Nicolo: Engadin-Vinschgau-Bahn – Volkswirtschaftliche Untersuchung, Chur 2012, 24; Tourismusverband Vinschgau: Ferienkatalog, Schlanders 2009, 27

7 vgl. Landesinstitut für Statistik ASTAT: Gemeindedatenblatt, http://www.provinz.bz.it, 14.01.2019; ASTAT: Statistisches Jahrbuch für Südtirol 2017, Bozen 2017; ASTAT: Südtirol in Zahlen 2018, Bozen 2018

Die verschiedenen Ferienregionen bzw. -orte werden durch sieben Tourismusvereine betreut: Reschenpass, Obervinschgau, Taufers im Münstertal, Ortlergebiet, Schlanders-Laas, Latsch-Martelltal und Kastelbell-Tschars.

Zahlreiche Wander- und Radwege erschließen die Region und binden dabei die Sehenswürdigkeiten ein. Hervorzuheben sind u.a. der Nationalpark Stilfserjoch mit einer Fläche von 135.000 km^2, das Ortlermassiv, der Reschenpass mit dem Reschenstausee, die alte Römerstraße „Via Claudia Augusta", das Benediktinerkloster Marienberg in Burgeis, die Churburg bei Schluderns, die mittelalterliche Stadt Glurns, Reinhold Messners Schloss Juval sowie das Messner Mountain Museum in Sulden. Eine regionale Besonderheit stellen die Waalwege entlang der historischen Bewässerungskanäle dar. Für Wintersportler bietet u.a. die Ortler-Skiarena ein attraktives Angebot. Zudem sind Rodeln, Langlauf, Ski- und Schneeschuhtouren möglich.

Die Mehrzahl der touristischen Betten befindet sich im Ortlergebiet und im Nationalpark Stilfserjoch. Darüber hinaus sind die Gebiete in und um Mals, Schluderns und Glurns, in Latsch-Martell mit Goldrain, Morter, Tarsch und am Reschenpass von Bedeutung. Die Bruttoauslastung liegt dabei allerdings unter jener von Südtirol (2016/17: 39,7 %).[8]

3. Eine neue Ära beginnt

Der erste Zug der Vinschgerbahn fuhr am 5. Mai 2005 auf der reaktivierten Strecke[9], was auch als „*Geburtsstunde der neuen Südtiroler Mobilitätsphilosophie*"[10] bezeichnet wird. Schon in kürzester Zeit zeigte sich, wie gut das Projekt angenommen wurde. Nur ein Jahr nach der Inbetriebnahme konnte man 100.000 Fahrgäste pro Monat verzeichnen. 50.000 Pendler nutzten nun die Bahn. Die Zielvorgabe war, die Fahrgastzahlen von einst um 25 % zu steigern. Erreicht hat man in kürzester Zeit eine Steigerung um 50 %. Inzwischen sind 2 Mio. Fahrgäste jährlich zu verzeichnen.[11]

---

8 vgl. Zegg, Roland; Küng, Thomas; Huder, Nicolo: Engadin-Vinschgau-Bahn – Volkswirtschaftliche Untersuchung, Chur 2012, 63; Tourismusverband Vinschgau: Ferienkatalog, Schlanders 2009, 39; Landesinstitut für Statistik: Mobilität und Tourismus, https://astat.provinz.bz.it, 14.01.2019

9 vgl. o.V.: Eine Bahn schreibt Geschichte, http://www.vinschgauerbahn.it/de/geschichte.asp, 01.09.2012

10 o.V.: Südtirol steigt um auf den ÖPNV, in: VDV – Das Magazin 5/2018, 28

11 vgl. Strieder, Swantje: Vom Dorfmobil Klaus bis zur wiedererweckten Eisenbahn Meran-Mals –Sanfte Mobilitätsformen fördern den Tourismus in abgelegenen Gebieten (20.03.2007), http://www.cipra.org, 01.09.2012; CIPRA International: Verkehr im

Vinschgerbahn in Mals[272]

Bahnhof Meran

Abbildung D1.1: Vinschgerbahn in Mals und Bahnhof Meran
Quelle: Dorsch

Mittlerweile hat keiner mehr Zweifel am Nutzen dieser Bahn: „*Die Akzeptanz bei der einheimischen Bevölkerung und den Touristen ist enorm und hat die optimistischen Vorhersagen weit übertroffen. Jährlich übernachten 200.000 Schweizer Gäste mehr in Südtirol als vor dem Ausbau der Bahn. Touristikexperten führen dies auf den Werbeeffekt der Vinschgerbahn zurück. Durchschnittlich gibt ein Schweizer Gast täglich 110 Euro aus, woraus sich ein Umsatz von 22 Millionen Euro jährlich ergibt. Davon fließen dem Land Südtirol rund acht Millionen Euro direkte und indirekte Steuern zu. Ein Großprojekt, das sein Ziel, mehr Nachhaltigkeit, sowohl ökologisch als auch wirtschaftlich und sozial, erreicht hat.*“[12]

Schon 1830 wurde über eine Bahn durch den Vinschgau nachgedacht; damals, um England und Indien auf dem kürzesten Weg zu verbinden. Der Schweizer Eisenbahn-Pionier Adolf Guyer-Zeller, Erbauer der Jungfraubahn, griff die Idee 1895 auf und plante eine Bahn, die Bestandteil einer Eisenbahnachse vom Engadin nach Venedig und weiter nach Istanbul werden sollte.[13] Im

Klimawandel, Schaan 2010, 32; Studer, Bernd: Vinschgau: Vom eigenen Erfolg fast überrollt, in: Info-Forum Pro-Bahn Schweiz 04/2005, 3; o.V.: Südtirol steigt um auf den ÖPNV, in: VDV – Das Magazin 5/2018, 28

12 Moroder, Helmuth: Mut zu Mega – aber auf der richtigen Spur, in: Szene Alpen, 94/2010, 5f; siehe dazu auch: Studer, Bernhard: Innovatives Konzept, durchschlagender Erfolg, in: Info-Forum Pro-Bahn Schweiz 04/2005, 1

13 vgl. o.V.: Vinschgerbahn nach 14 Jahren wiedereröffnet, in: Schweizer Eisenbahn-Revue 6/2005, 265; o.V.: Vinschgau: Eine Vision einer „Engadin-Orient-Bahn“, in: Info-Forum Pro-Bahn Schweiz 04/2005, 4

Jahr 1906 war die Bahn dann als normalspurige Lokalbahn errichtet worden. Bereits Anfang der 1960er Jahre wurde erstmals eine Stilllegung in Erwägung gezogen. Insbesondere in den 1980er Jahren verlor die Strecke immer mehr an Attraktivität. Im Zuge der Ausdünnung des gesamten Streckennetzes der italienischen Staatsbahnen trennte man sich auch von der Strecke durch den Vinschgau.[14]

4. Die Strecke im Detail

Die Strecke von Meran nach Mals ist 59,8 km lang. Dabei werden über drei Steilstufen ca. 700 Höhenmeter überwunden. Möglich ist dies durch eine teils aufwendige Trassenführung, die eine Kehrschleife bei Marling, drei Tunnel (Marlinger Kehrtunnel, Josefsbergtunnel und Töll-Tunnel) und eine Galerie aufweist. Die reaktivierte Bahn nutzt diese Trassierung; der Oberbau und die Sicherungsanlagen wurden aber dem aktuellen Stand der Technik angepasst. Dadurch ist es möglich, auf den flacheren Streckenabschnitten bis zu 100 km/h und auf den kurvenreicheren Abschnitten bis zu 70 km/h zu fahren. Entlang der Strecke wurden Geh- und Radwege angelegt.[15]

Zur Gewährleistung der Sicherheit errichtete man ein neues Stellwerk, das den höchsten Sicherheitsansprüchen nach dem Sicherheits-Integritätslevel SIL4 entspricht. Über dieses Stellwerk wird die gesamte Strecke ferngesteuert kontrolliert. In Meran ist die Leitstelle angesiedelt. Bestandteil des Zugleitsystems ist auch die Fahrgastinformation, die die Ein- und Ausfahrt der Züge sowie etwaige Gleisänderungen oder Verspätungen bekanntgibt. Ebenfalls aus Sicherheitsgründen hat man 54 der ursprünglichen Bahnübergänge geschlossen und an diesen Stellen Unterführungen errichtet. Die verbliebenen 31 Bahnübergänge sind mit Schranken und Schutzsignalen gesichert, allerdings sollen weitere davon noch entfernt werden.[16]

---

14 vgl. Entenmann, Uschi: Zurück in die Zukunft mit der Vinschgerbahn, in: CIPRA International (Hrsg.): Wir Alpen! Menschen gestalten Zukunft (3. Alpenreport), Schaan 2007, 30

15 vgl. ebd., 35; o.V.: Streckenführung, http://www.vinschgauerbahn.it/de/streckenfuehrung.asp, 01.09.2012; Inderst, Markus: Die Alpen mit dem Zug entdecken, München 2006, 180

16 vgl. o.V.: Sicherungsanlagen, http://www.vinschgauerbahn.it/de/sicherungsanlagen.asp, 01.09.2012; o.V.: Weitere Bahnübergänge im Vinschgau werden entfernt (16.02.2018), http://www.suedtirolnews.it, 19.02.2019

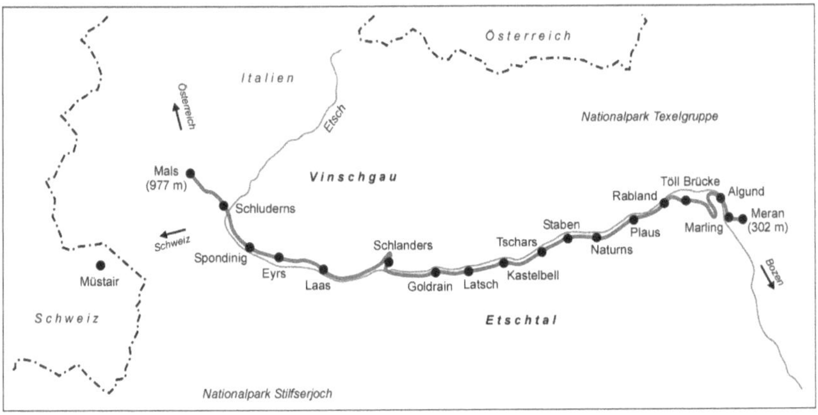

Abbildung D1.2: Streckenverlauf der Vinschgerbahn. Erstellt nach: o.V.: Bahnhöfe, http://www.vinschgauerbahn.it/de/meran-mals.asp, 01.09.2012; Klier, Henriette: Vinschgau, Oberhaching 2010, 6f

Quelle: Dorsch

Die Bahnhofsgebäude an der Strecke stammen aus dem Jahr 1906. Sie weisen zwar in Größe und Form Unterschiede auf, verfügen aber über wiederkehrende Grundelemente und Farben, so dass sich insgesamt ein einheitliches Bild ergibt. Bei der Reaktivierung der Bahn galt es, diese Gebäude fachgerecht zu sanieren. Dazu wurden z.B. spätere Anbauten entfernt und ehemalige Anstriche wieder aufgebracht. Realisiert wurden diese Maßnahmen durch die Gemeinden in Zusammenarbeit mit dem Landesdenkmalamt.[17] 150 Mio. Euro wurden in den Ausbau der Bahn investiert. Allerdings war die Finanzierung nicht der entscheidende Faktor. Das autonome Südtirol gilt als wohlhabende Provinz und verdient gut mit seinen Obstplantagen und am Tourismus.[18]

Speziell für die Strecke beschafft wurden zwölf diesel-elektrische Stadler-Gelenktriebwagen[19] vom Typ GTW 2/6. Diese Niederflurtriebwagen ermöglichen den Reisenden aufgrund der breiten Türen und der angepassten Bahnsteighöhe

---

17 vgl. o.V.: Bahnhöfe, http://www.vinschgauerbahn.it/de/meran-mals.asp, 01.09.2012

18 vgl. Entenmann, Uschi: Zurück in die Zukunft mit der Vinschgerbahn, in: CIPRA International (Hrsg.): Wir Alpen! Menschen gestalten Zukunft (3. Alpenreport), Schaan 2007, 30ff

19 Aufgrund eines Eisenbahnunglücks stehen nun nur noch elf Garnituren zur Verfügung.

einen leichten Zustieg und bieten innen Platz für Fahrräder, Kinderwagen oder Gepäck. Helle Großraumabteile mit Panoramafenstern und Klimaanlagen sollen ein angenehmes Reisen garantieren.[20]

Stadler-Gelenktriebwagen der Vinschgerbahn

Innenansicht

Abbildung D1.3: Stalder-Gelenktriebwagen der Vinschgerbahn: Außen- und Innenansicht

5. Zur Erschließungs- und Angebotsqualität

Die Basis des Angebots bilden stündlich verkehrende Regionalzüge in beide Richtungen. Dabei werden alle Haltestellen entlang der Strecke bedient. Der Bedienungszeitraum erstreckt sich täglich von kurz nach 5 Uhr bis ca. 24 Uhr, wobei in den Morgenstunden das Angebot verdichtet wird und am Wochenende die Züge meist in Doppeltraktion verkehren. Zweistündlich wird zudem eine Schnellverbindung zwischen dem Obervinschgau und Meran angeboten. Ergänzend wurden die Buslinien, welche nun überwiegend Zubringerdienste zu den Bahnhöfen übernehmen, in das Konzept einbezogen.[21]

Vordergründiger Zweck der Bahn ist die Bereitstellung eines attraktiven Regionalverkehrs im Tal und in Richtung Meran/Bozen. Gleichzeitig kann sie aber auch als Zubringer für den überregionalen und internationalen Verkehr fungieren. Insbesondere im Obervinschgau wird die Verknüpfung zu den Nachbarländern forciert. Mit der Inbetriebnahme der Vinschgerbahn wurde

20 vgl. o.V.: Rollmaterial, http://www.vinschgauerbahn.it/de/rollmaterial.asp, 01.09.2012

21 vgl. Autonome Provinz Bozen Landesmobilitätsagentur: Bahnfahrplan 2017, Bozen 2016, 22ff

auch die Schweizer Postautolinie von Zernez über Müstair bis nach Mals verlängert, die hier nun im Stundentakt fährt. Dadurch konnten die Ferienregionen Unterengadin und Obervinschgau besser miteinander verknüpft werden. Während die Vinschgerbahn in Mals günstige Anschlüsse bietet, können Fahrgäste in umgekehrter Richtung in Zernez auf das Netz der Rhätischen Bahn umsteigen. Auf der Relation Zürich–Meran ist diese Verbindung nun sogar zeitlich günstiger als über den Brenner.[22]

Von touristischem Interesse ist ein Fahrradverleih-Konzept für die Region. Ausleihstationen befinden sich u.a. an sechs Bahnhöfen der Strecke, die Rückgabe der Räder ist an jeder dieser Stationen möglich. Ein Kombiticket ermöglicht dabei die Nutzung von Bahn, Bus und Rad.[23]

6. Erfolg verlangt weitere Investition

Nach nur wenigen Betriebsjahren weist die Vinschgerbahn ähnlich hohe Fahrgastzahlen pro Streckenkilometer wie die Rhätische Bahn im Nachbarland auf. Sie erreicht inzwischen 2 Mio. Fahrgäste jährlich – Tendenz steigend – und stößt damit deutlich an die Kapazitätsgrenzen. Als Erfolgsfaktor erweist sich dabei auch der Fahrradtransport. Ein weiterer Ausbau des Angebots wird allerdings durch das verfügbare Rollmaterial erschwert. Eine Taktverdichtung wäre nur durch den Zukauf weiterer Dieseltriebwagen möglich. Hinzu kommen die hohen Betriebs- und Wartungskosten für diese Fahrzeuge einerseits, die Umweltbelastung durch den CO_2-Ausstoß andererseits. Angesichts dieser Aspekte stellte sich daher bald die Frage, warum man die Strecke nicht von Beginn an elektrifiziert hat.[24] Dies will man nun nachholen.

Schrittweise werden die nötigen Umbauarbeiten realisiert: „*Verlegung der Oberleitung mit Aufstellen von 1.500 Masten, Absenkung der Gleise in den Tunnels, Anpassung der Bahnsteige für die längeren Flirt-Züge, Errichtung eines Unterwerkes, Anpassung der bestehenden Flirt-Züge an das neue Stromsystem.*“[25]

---

22 vgl. o.V.: Vinschgerbahn nach 14 Jahren wiedereröffnet, in: Schweizer Eisenbahn-Revue 6/2005, 266

23 vgl. o.V.: Bus, Bahn und Bike, http://www.vinschgauerbahn.it/de/bahn-und-bike.asp, 01.09.2012

24 vgl. Rellstab, Mathias: Vinschgerbahn mit ungebrochenem Erfolg, in: Schweizer Eisenbahn-Revue 7/2007, 331; Südtiroler Transportstrukturen AG: Geplante Projekte, http://www.sta.bz.it, 16.05.2017

25 STA – Südtiroler Transportstrukturen AG: Geplante Projekte, http://www.sta.bz.it, 16.05.2017

Vom Vinschgau ins Engadin

Der Schweizer Postbus steht bereit

Radfahrer willkommen

Auch die Busse sind entsprechend ausgestattet

Abbildung D1.4: Eindrücke zum Fahrradverleih-Konzept
Quelle: Dorsch

Zukünftig werden auf der Strecke sechsteilige elektrische FLIRT-Züge von Stadler fahren. Da diese Züge länger als die bisher genutzten Triebwagen sind, werden alle Bahnsteige verlängert. An manchen Stationen ist auch der Bau von Unterführungen erforderlich. Das Bahnstromsystem der Strecke wird auf 25 kV 50 Hz ausgelegt, als Zugsteuerungssystem kommt ECTS Level 2 zum Einsatz. Die Gesamtkosten für diese Maßnahmen werden auf rund 66 Mio. Euro beziffert. Ein Großteil der Summe wird von der Südtiroler Landesregierung bereitgestellt. Hinzu kommt ein Darlehen über 26 Mio. Euro der Europäischen Investitionsbank. Zusätzliche Einnahmen in Höhe von ca. 10 Mio. Euro verspricht man sich durch den Verkauf der bisher genutzten Dieseltriebwagen. Nach Abschluss der Elektrifizierung – geplant für 2020 – lassen sich dann nicht nur Kapazitätssteigerungen und der angestrebte Halbstundentakt im

Vinschgau realisieren, sondern auch Direktverbindungen nach Bozen anbieten. Zudem käme dann südtirolweit einheitliches Rollmaterial zum Einsatz.[26]

7. Eine Bahn mit Modellcharakter

Insgesamt wurde hier ein attraktives, umweltfreundliches und leistungsfähiges Nahverkehrsprojekt realisiert, das nachhaltig zur Lösung der Verkehrsprobleme in der Region beiträgt.

Tabelle D1.1: Erfolgsfaktoren der Vinschgerbahn

Kernangebot	▪ attraktive Verbindung vom Zentrum Südtirols ins Obervinschgau ▪ Zubringer zum überregionalen und internationalen Verkehr ▪ umweltfreundlich, modern, schnell, zuverlässig, gute Taktzeiten ▪ Angebot entspricht den Bedürfnissen der Nutzer (Fahrzeit, Preisgestaltung, Komfort, Taktung) ▪ hohe Attraktivität für Pendler
Zusatzangebot	▪ Möglichkeit des Fahrradtransports und des Fahrradverleihs
Akzeptanz	▪ Akzeptanz bei einheimischer Bevölkerung und bei Touristen ▪ echte Alternative zum motorisierten Individualverkehr für verschiedene Zielgruppen
Tradition	▪ Instandsetzung und Restaurierung historischer Bahnhofsgebäude

Das Projekt hat gezeigt,

- dass sich der jahrelange Kampf gegen die Bevorzugung der Straße bewährt hat,
- dass die Überzeugung der Bevölkerung – auch gegen ihre anfängliche Meinung – von größter Bedeutung ist, denn diese soll die Bahn vor allem nutzen,
- dass keine Erhaltung bzw. Wiederinbetriebnahme der Bahn im Sinne nostalgischer Beweggründe Erfolg bringt, sondern nur die Errichtung einer modernen, leistungsfähigen Eisenbahn unter Nutzung vorhandener und ausbaufähiger Infrastruktur und
- dass eine sinnvolle Verknüpfung der Bahn mit dem übrigen ÖPNV durch Schnittstellen, gute Übergangszeiten usw. erforderlich ist.

26 vgl. ebd.; Südtiroler Transportstrukturen AG: Vinschger Bahn – Elektrifizierung kommt ins Rollen, http://www.sta.bz.it, 16.05.2017; Südtiroler Transportstrukturen AG: Die Vinschger Bahn, http://www.sta.bz.it, 16.05.2017

Von den Erfahrungen, die bei der Reaktivierung der Vinschgerbahn gesammelt wurden, könnten auch andere Regionen im Alpenraum profitieren. Die Bahn könnte dieserart als Modellprojekt dienen. Modellcharakter hat die Bahn deshalb, weil sie – typisch für den Alpenraum – in einem langgezogenen Flusstal von einem Bahnknoten aus in eine weit abgelegene grenznahe Region verläuft. Stillgelegte Bahntrassen bzw. unrentable veraltete Bahnlinien gibt es in vielen Alpenregionen. Zudem werden als Zielgruppen sowohl Einheimische als auch Touristen angesprochen.

Literatur

ASTAT: Statistisches Jahrbuch für Südtirol 2017, Bozen 2017

ASTAT: Südtirol in Zahlen 2018, Bozen 2018

Autonome Provinz Bozen Landesmobilitätsagentur: Bahnfahrplan 2017, Bozen 2016

CIPRA International: Verkehr im Klimawandel, Schaan 2010

Dorsch, Monique: Alpentourismus – Eine Betrachtung mit Fallstudien, Plauen 2013

Dorsch, Monique: Öffentlicher Personennahverkehr – Grundlagen und 25 Fallstudien mit Lösungen, München 2019

Eisenbahn: Südtirol-Bahn. URL: http://www.eisenbahn.it/drupal/suedtirol-bahn (Abgerufen: 01.09.2012)

Entenmann, Uschi: Zurück in die Zukunft mit der Vinschgerbahn, in: CIPRA International (Hrsg.): Wir Alpen! Menschen gestalten Zukunft (3. Alpenreport), Schaan 2007

Inderst, Markus: Die Alpen mit dem Zug entdecken, München 2006

Klier, Henriette: Vinschgau, Oberhaching 2010

Landesinstitut für Statistik ASTAT: Gemeindedatenblatt, http://www.provinz.bz.it, 14.01.2019

Landesinstitut für Statistik: Mobilität und Tourismus, https://astat.provinz.bz.it, 14.01.2019

Moroder, Helmuth: Mut zu Mega – aber auf der richtigen Spur, in: Szene Alpen, 94/2010, 5–6

o.V.: Vinschgau: Eine Vision einer „Engadin-Orient-Bahn“, in: Info-Forum Pro-Bahn Schweiz 04/2005, 4

o.V.: Vinschgerbahn nach 14 Jahren wiedereröffnet, in: Schweizer Eisenbahn-Revue 6/2005, 265–266

o.V.: Südtirol steigt um auf den ÖPNV, in: VDV – Das Magazin 5/2018, 28

Rellstab, Mathias: Vinschgerbahn mit ungebrochenem Erfolg, in: Schweizer Eisenbahn-Revue 7/2007, 331

STA – Südtiroler Transportstrukturen AG: Bahnhöfe und Züge. URL: http://www.vinschgauerbahn.it/de/meran-mals.asp (Abgerufen: 01.09.2012)

STA – Südtiroler Transportstrukturen AG: Bus, Bahn und Bike. URL: http://www.vinschgauerbahn.it/de/bahn-und-bike.asp (Abgerufen: 01.09.2012)

STA – Südtiroler Transportstrukturen AG: Eine Bahn schreibt Geschichte. URL: http://www.vinschgauerbahn.it/de/geschichte.asp (Abgerufen: 01.09.2012)

STA – Südtiroler Transportstrukturen AG: Rollmaterial. URL: http://www.vinschgauerbahn.it/de/rollmaterial.asp (Abgerufen: 01.09.2012)

STA – Südtiroler Transportstrukturen AG: Sicherungsanlagen. URL: http://www.vinschgauerbahn.it/de/sicherungsanlagen.asp (Abgerufen: 01.09.2012)

STA – Südtiroler Transportstrukturen AG: Streckenführung. URL: http://www.vinschgauerbahn.it/de/streckenfuehrung.asp (Abgerufen: 01.09.2012)

Südtirol News (2018): Weitere Bahnübergänge im Vinschgau werden entfernt. URL: http://www.suedtirolnews.it (Abgerufen: 19.02.2019)

STA – Südtiroler Transportstrukturen AG: Geplante Projekte. URL: http://www.sta.bz.it (Abgerufen: 16.05.2017)

Strieder, S. (2007): Vom Dorfmobil Klaus bis zur wiedererweckten Eisenbahn Meran-Mals –Sanfte Mobilitätsformen fördern den Tourismus in abgelegenen Gebieten. URL: http://www.cipra.org (Abgerufen: 01.09.2012)

Studer, Bernd: Vinschgau: Vom eigenen Erfolg fast überrollt, in: Info-Forum Pro-Bahn Schweiz 04/2005, 3

Studer, Bernhard: Innovatives Konzept, durchschlagender Erfolg, in: Info-Forum Pro-Bahn Schweiz 04/2005, 1

Südtirolbahn, http://www.vinschgauerbahn.it/de/bahnhoefe.asp, 01.09.2012

Südtiroler Transportstrukturen AG: Die Vinschger Bahn. URL: http://www.sta.bz.it (Abgerufen: 16.05.2017)

Südtiroler Transportstrukturen AG: Geplante Projekte. URL: http://www.sta.bz.it (Abgerufen: 16.05.2017)

Südtiroler Transportstrukturen AG: Vinschger Bahn – Elektrifizierung kommt ins Rollen. URL: http://www.sta.bz.it (Abgerufen: 16.05.2017)

Tourismusverband Vinschgau: Ferienkatalog, Schlanders 2009

Zegg, Roland; Küng, Thomas; Huder, Nicolo: Engadin-Vinschgau-Bahn – Volkswirtschaftliche Untersuchung, Chur 2012

Jessica Knoll und Andreas Kultscher

„Muldental in Fahrt“ – Modellprojekt im Landkreis Leipzig

1. „Muldental in Fahrt“- ein zukunftsweisendes Verkehrsprojekt

Das im Raum Leipzig entwickelte Verkehrsprojekt „Muldental in Fahrt“ verfolgt das Ziel eines flächendeckenden Verkehrsangebotes für alle Bürgerinnen und Bürger im ländlich geprägten Raum Muldental (vgl. Regionalbus Leipzig 2019). Mit Blick auf Faktoren, wie Erreichbarkeit und Mobilität steigert das Projekt die Lebensqualität der Bürgerinnen und Bürger und trägt dabei zur wesentlichen Unterstützung älterer Menschen bei. Durch das innovative Busfahrnetz gelingt es die Städte Korridor, Bad Lausick, Brandis, Colditz und Grimma zu bedienen, wodurch eine Einwohneranzahl im Umfang von 100.000 Menschen abgedeckt werden kann (vgl. Mitteldeutscher Verkehrsverbund 2019). Der Landkreis Leipzig nimmt damit eine Vorreiterrolle beim Thema „Mobilität“ ein, da ein solches Vorhaben in diesem Umfang sachsenweit bis dato noch nicht durchgeführt wurde – im Gegenteil (vgl. Mitteldeutscher Verkehrsverbund 2019). Beobachtet man doch viel öfter die Tendenz zur Ausdünnung des öffentlichen Personennahverkehrs (ÖPNV), strebt der Landkreis Leipzig eine andere Richtung an. Durch die Bedienung des ländlich geprägten Muldental wird das Ziel verfolgt, den Nahverkehr durch ein attraktives Mobilitätsangebot zu stärken (vgl. Kultscher 2019). Um den öffentlichen Personennahverkehr gänzlich auf eine neue Qualitätsstufe zu katapultieren, soll neben einer spürbaren quantitativen Erhöhung des Busfahrtenangebotes auch die Dienstleistungsqualität eine signifikante Rolle spielen. Mit einem Bedienungskonzept, dass sich durch den Einsatz moderner Kommunikationstechniken, sowie innovativen Bussen auszeichnet, wird es möglich jeden einzelnen Bürger zu erreichen. Neben dem übergeordneten Motiv die Lebensqualität aller Bürger zu erhöhen, steht aber auch die Stärkung der Wirtschaft im Mittelpunkt (vgl. Kultscher 2019).

2. Hintergrund und Notwendigkeit

Bis vor Projektbeginn hatte der Landkreis Leipzig dasselbe Problem, wie es deutschlandweit zu beobachten ist: Menschen auf dem Land fühlen sich teils abgehängt und benachteiligt. Faktisch ist dieser beschriebene Umstand genau der Fall, denn in ländlichen Regionen existiert üblicherweise keine bedarfsorientierte Busverbindung, wie es beispielsweis in den meisten Städten der Fall ist.

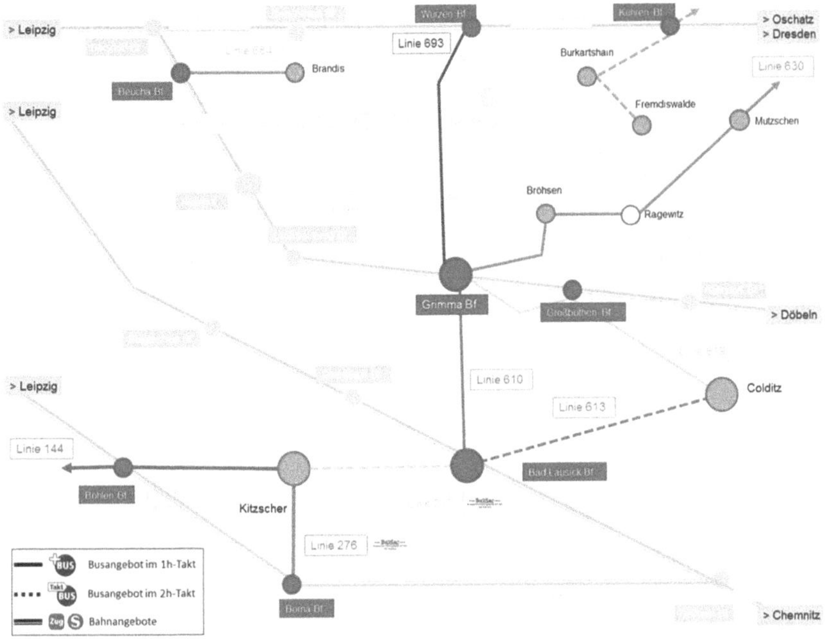

Abbildung D2.1: Situation vor Projektbeginn
Quelle: *Kultscher 2019, S. 14*

Wie die Abb. D2.1 zeigt, gab es zu dieser Zeit für die dortige Bevölkerung kaum die Möglichkeit ohne eigene Verkehrsmittel individuellen Aktivitäten am Abend, am Wochenende oder in den Schulferien nachzugehen. Das Augenmerk lag vorwiegend nur auf dem Schülerverkehr, weshalb andere Bevölkerungsgruppen vollständig vernachlässigt wurden, obwohl sie zahlenmäßig überwogen (vgl. Kultscher 2019). Wirft man einen Blick auf die Bevölkerungsentwicklung, so stellt man fest, es fehlte an sinnvollen Angeboten für Pendler und Rentner. Die Abb. D2.2 veranschaulicht sehr gut, der Anteil der jungen Bevölkerung hat abgenommen, währenddessen der Anteil älter Menschen zunimmt. Bemerkenswert ist auch, dass die größte Altersgruppe, die der Erwerbstätigen ist (vgl. Kultscher 2019).

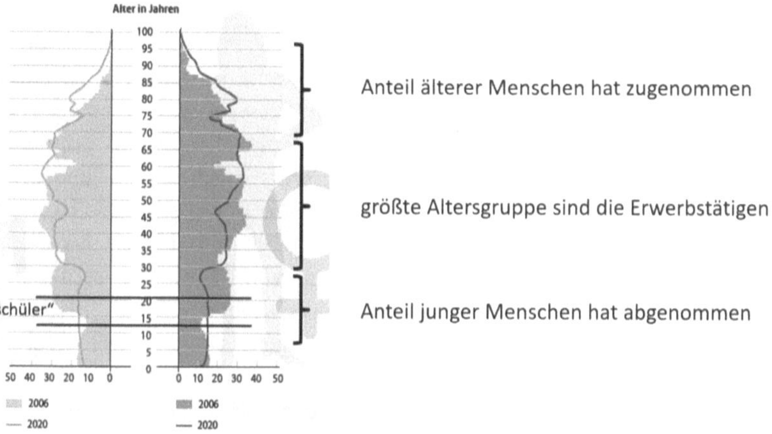

Abbildung D2.2: Handlungsbedarf aus der Bevölkerungsentwicklung
Quelle: *Kultscher, 2019, S. 5*

Da das Angebot vor Projektbeginn also nahezu keine Flächenerschließung oder Nahmobilität ermöglichte, bestand die Gefahr der Landflucht! Immer mehr Menschen verlassen ländliche Regionen, um in die urbaneren Städte zu ziehen. Häufig spielt dabei Mobilität eine wesentliche Rolle. Diese Problematik zeigt sich deutschlandweit, wie eine ADAC-Studie zur Mobilität auf dem Land festgestellt hat. Mehr als die Hälfte der Befragten meint hier, das Auto ist „alternativlos“. Allerdings gibt es große regionale Unterschiede bei dem ÖPNV. Allen voran bewerten die alten Bundesländer das Angebot an Bussen und Bahnen deutlich schlechter als der östliche Teil Deutschlands. Die Befragten geben an, dass der Bus häufig nur ein, zwei Mal am Tag fährt. Fatalerweise sind die Reaktionen auf diese Entwicklung nicht ausreichend. Die Gründe sind vielfältig (vgl. Wagner 2018).

3. Der nachhaltige Nutzen

3.1 Wirtschaftlicher, gesellschaftlicher und infrastruktureller Nutzen

Aufgrund dieser Problematik wurde das Projekt „Muldental in Fahrt“ ins Leben gerufen. „Muldental in Fahrt“ ist eine gemeinschaftliche Initiative des Landkreis Leipzig, des Zweckverbandes für den Nahverkehrsraum Leipzig

(ZVNL) des Mitteldeutschen Verkehrsbundes (MDV) und dem Unternehmen Regionalbus Leipzig (vgl. Kultscher 2019). Primäres Ziel ist es, die Nutzungsmöglichkeiten des ÖPNV so zu verbessern, dass ein gesellschaftlicher Nutzen durch den ÖPNV erreicht wird. Ein besseres Verkehrsangebot sollte insbesondere älteren und mobilitätseingeschränkten Menschen geboten werden, aber auch die jungen Menschen und Berufstätigen sollten von dem Projekt profitieren. Um den ÖPNV zur echten Mobilitätsalternative zu machen, war ein ganztägiges und regelmäßiges Fahrangebot fundamental. Ein dichteres Haltestellennetz, sowie die direkte Bedienung von Krankenhäusern, Schulen, Freizeiteinrichtungen, Wohngebieten, Gewerbegebieten und Einkaufsmöglichkeiten sollte die Qualität des gesamten Angebots deutlich verbessern (vgl. Kultscher 2019). Um ein flächendeckendes Haltestellennetz herzustellen, war auch die Schaffung völlig neuer Verbindungen nötig, sowie die Verknüpfung der ÖPNV-Systeme in der Region. Durch die Verknüpfung von Zug / S-Bahn und Busverkehr sowie Regionalbus und Stadtbus, gelang eine Optimierung der erreichten Anschlüsse (Kultscher 2019). Neben dem *gesellschaftlichen Nutzen* nimmt bei diesem Projekt auch der *wirtschaftliche Nutzen* eine zentrale Rolle ein (vgl. Kultscher 2019). Insbesondere eine bessere Erreichbarkeit von Versorgungszentren sollte sich positiv auf Handel und Gewerbe auswirken. Letzteres ist von größter Bedeutung, da vor allem der stationäre Handel mit der Konkurrenz des Onlinehandels zu kämpfen hat. Das Problem: Der Online Handel boomt, die Einkaufsstraßen sterben aus. Immer öfter sparen sich die Menschen den Weg in die Städte aufgrund verschiedener Motive und geben ihr Geld vorzugsweise online aus. Besonders die Modebranche, Elektroanbieter und Möbelhäuser sind von dieser Entwicklung betroffen, wie aus dem „Online-Monitor 2019“ des Handelsverbandes Deutschland hervorgeht. Diese Situation ist für die stationären Händler ein wahres Desaster. Eine bessere Anbindung der ländlichen Regionen könnte diesem Effekt zumindest entgegenwirken und den Handel sowie das Gewerbe bedeutend stärken (vgl. DPA 2019).

Wie andere Regionen in Deutschland, kämpft auch Leipzig mit dem Sorgenthema „Fachkräftemangel“. Neuste Berechnungen des IHK-Fachkräftemonitors kommen zum Ergebnis, bis 2025 werden in Leipzig 8000 qualifizierte Fachkräfte fehlen. Das Durchschnittsalter wird von 44,8 auf 45,7 Jahre steigen. Starke Engpässe sind hier vor allem in den kaufmännischen Berufen sowie in der Dienstleistungs- und Gesundheitswirtschaft zu erwarten. Allein in diesen Bereichen fehlten bis 2015 schon 59.000 Fachkräfte (vgl. Redaktion Sachsen Sonntag und Rundschau 2019).

Bessere Anbindungen an Unternehmen und Arbeitsplätze sollen daher zu erheblichen Vorteilen bei der Auszubildenden- und Fachkräftegewinnung führen. Ebenso soll ein verbessertes Nahverkehrsangebot ein Standortvorteil für Unternehmensansiedlungen sein. Folglich erhofft man sich Mehreinnahmen durch die Gewerbesteuer. Generell soll die gesamte Region an Attraktivität als Wohnort gewinnen. Auch hier spekuliert man auf Mehreinnahmen aus der Einkommenssteuer. Auf diese Weise soll durch ein erneuertes Nahverkehrsangebot auch der *infrastrukturelle Nutzen* zunehmen. Durch den geplanten Anschluss entfernterer Ortsteile an die Kernstadt (Mittel- und Unterzentren), werden die Kommunen dichter zusammenwachsen. Die bessere Anbindung an Leipzig, sowie zu den Mittel- und Unterzentren bringt erhebliche Vorteile für die Bürgerinnen und Bürger mit sich (vgl. Kultscher 2019).

3.2 Beitrag zu einer nachhaltigen Unternehmensentwicklung

Das Projekt als Ganzes zeichnet sich vor allem durch den Nachhaltigkeitsgedanken aus. Einmal mehr zeigt die Umsetzung des Projektes, dass das Thema Nachhaltigkeit ein zentraler Bestandteil der Unternehmensphilosophie geworden ist und dass das Unternehmen Regionalbus Leipzig die eigene ökologische, ökonomische und gesellschaftliche Verantwortung wahrnimmt. Das Thema „Nachhaltigkeit“ wird primär im Rahmen der Maßnahmen zur Erweiterung der betrieblichen Anlagen im Unternehmen berücksichtigt. Neben der Anschaffung klimafreundlicher Fahrzeuge, worauf im Punkt 4.2. noch einmal genauer eingegangen wird, versucht man mit den verfügbaren Ressourcen nachhaltig umzugehen. So wird beispielsweise Regenwasser in Zisternen gespeichert und für die Fahrzeugwäsche genutzt. In Deuben konnten so schon 90.0000 l, in Zwenkau 60.000 l und in Colditz 30.000 l Regenwasser gespeichert werden. Nach der Speicherung des Regenwassers wird es mechanisch-biologisch aufbereitet, damit es schließlich für die Fahrzeugwäsche wiederverwendet werden kann (vgl. Kultscher 2019).

Auch bei der Stromversorgung arbeitet man an einer nachhaltigen Lösung. Durch Solarzellen auf den Dächern der Fahrzeugabstellhallen wird Solarstrom erzeugt, der zum Teil selbst genutzt und zum Teil in das öffentliche Netz eingespeist wird. Neben der Stromerzeugung aus eigenen Quellen, spielt auch die Reduzierung des Stromverbrauchs eine signifikante Rolle. Hier profitiert man im Wesentlichen durch den Einsatz von LED-Beleuchtung (vgl. Kultscher 2019). Auch bei der Einsparung von Wärmeenergie konnte das Unternehmen einige wirksame Wege finden. Neben der Modernisierung der Heizungsanlagen, erfolgt für die Büros eine technisch-organisatorische Reglung (Kultscher 2019). Fahrzeugabstellhallen bleiben weitgehend „kalt“ (vgl. Kultscher 2019). In den Busfahrzeugen existiert eine Fahrgastraumtemperierung in Abhängigkeit von der Außentemperatur (Kultscher, 2019). Dadurch wird ein angenehmes Raumklima in allen Fahrzeugen gewährleistet. Ein bewusster Verzicht auf eine immer gleichbleibende Raumtemperatur leistet hier wichtige Beiträge zur Einsparung von Wärmeenergie. Die konsequente Mülltrennung und die Abfallvermeidung trägt ebenso zu einer nachhaltigen Wirtschaftsweise des Unternehmens bei (vgl. Kultscher 2019).

4. Die konkrete Umsetzung in der Praxis

4.1 Der integrale Taktfahrplan und seine Qualität

Das Projekt besteht zum einem aus dem Regionalbusnetz und zum anderem aus den vier Stadtbussystemen Bad Lausick, Brandis, Colditz und Grimma. Zusammen sollen sie zu einem verbesserten Nahverkehrsangebot in der Region führen. Durch das Regionalbusnetz erfolgt ein Anschluss entfernter Ortsteile an die Kernstadt, sowie die Verbindung zwischen verschiedenen Städten und Gemeinden. Die vier Bussysteme sorgen für eine Feinerschließung innerhalb der Kernstadt und der Anbindung näher gelegener Ortsteile (vgl. Kultscher 2019). Folglich ergänzen sich beide Systeme gegenseitig. Das Prinzip des Integralen Taktfahrplans basiert dabei auf neuen Verbindungen durch Linien, die zu regelmäßigen Abfahrtszeiten verkehren (vgl. Kultscher 2019). Auch die Optimierung der Anschlüsse zwischen Zug und Bus, sowie Bus und Bus ist an dieser Stelle von wesentlicher Bedeutung. Dies gelingt primär durch die Bildung von Knoten im Integralen Taktfahrplan (ITF). Zudem treffen sich die Fahrzeuge zu einer „Symmetrieminute" (vgl. Kultscher 2019). Die Symmetrieminute stellt eine Kennzahl in Taktfahrplänen des ÖPNV dar. Diese beschreibt, dass zu diesem einem bestimmten Zeitpunkt ein Zug oder ein Bus seinem Gegenzug bzw. Gegenbus der gleichen Linie begegnet. Ein charakterliches Merkmal der Symmetrieminute ist, dass sich die Umsteigzeiten zwischen den Linien mit identischen Symmetrieminuten in beide Richtungen gleichen (vgl. enzyklo 2019). Dieses Prinzip ermöglicht und erleichtert es Fahrgästen eventuelle Anschlüsse besser zu erreichen.

Das neue Verkehrsangebot konzentriert sich nun auf verschiedene Bevölkerungsgruppen. Während vor Projektbeginn vor allem der Schülerverkehr im Fokus stand, profitieren nun auch andere Personengruppen. Dies wird in erster Linie durch regelmäßige tägliche und zusätzliche Fahrten am Abend, am Wochenende und in den Schulferien unterstützt. Die Schaffung zusätzlicher Verbindungen und die Verknüpfung mit anderen Linien und Verkehrsmitteln (z.B. mit dem Zug) sorgt für eine deutliche Erhöhung des Verkehrsangebotes

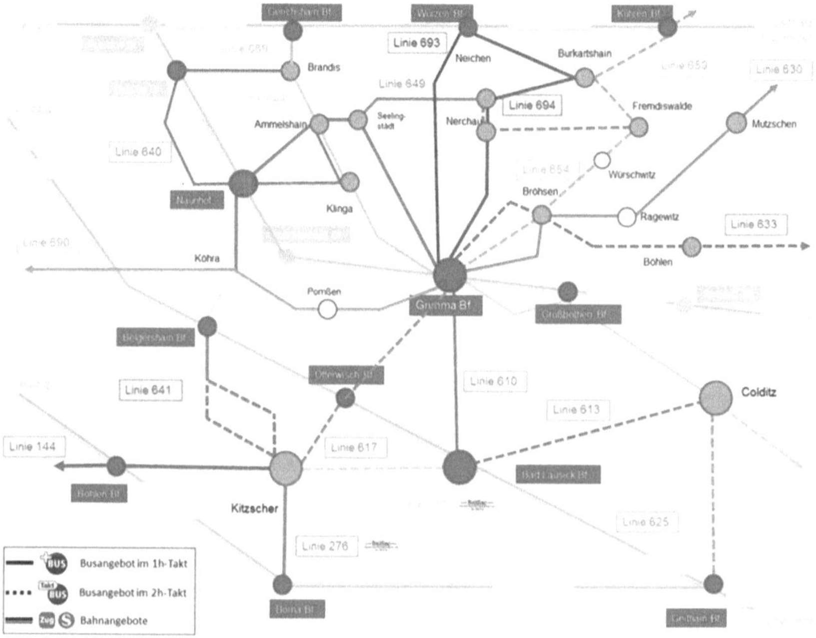

Abbildung D2.3: Busangebot im Integralen Taktfahrplan (ITF)
Quelle: *Kultscher, 2019, S. 15*

in Muldental (vgl. Kultscher 2019). Auch die Haltestellendichte verbesserte sich während des Projektes. Insgesamt entstanden 66 neue Haltestellen, wodurch nun eine Flächenerschließung und Nahmobilität gewährleistet werden kann. Demzufolge musste auch die Anzahl der Linien im Projektgebiet erhöht werden. Während vor Projektbeginn nur 6 Linien im Einsatz waren, sind es nun 12 sogenannte PlusBus-Linien (vgl. Kultscher 2019).

4.2 Entwicklung Fahrzeugpark

Auch bei der Entwicklung des Fahrzeugparks wurde die Thematik der Nachhaltigkeit berücksichtigt. Infolgedessen wurden im Jahr 2018 sieben neue „Mercedes-Benz Citaro Low Entry Hybrid“ Busse angeschafft (vgl. Kultscher 2019). Der Citaro Hybrid zeichnet sich vor allem durch seine intelligente Nutzung der Bewegungsenergie aus. Der Elektromotor arbeitet als Generator und wandelt beim Bremsen und Wegnehmen des Gases Schubenergie in Strom um. Der dabei generierte Strom wird dann als elektrische Energie gespeichert. Ohne die intelligente Hybrid-Technik wäre diese gewonnene Energie verloren. Der Citaro aber nutzt die Energie und spart dabei. Da der Elektromotor auf diese Weise den Verbrennungsmotor zeitweise entlastet, kann das Fahrzeug Kraftstoff sparen. So führt diese Technik letztlich zu einem deutlich verringerten Treibstoffverbrauch, das folglich zu reduzierter Emission beiträgt (vgl. Daimler 2019).

In konkreten Zahlen kann eine Reduzierung um 8 Prozent des Dieselverbrauches erreicht werden. Dies entspricht umgerechnet 2,3 l pro 100 km. Pro Anschaffung eines Fahrzeuges sind allerdings auch Mehrkosten in Höhe von 10.000 Euro entstanden (vgl. Kultscher 2019).

4.3 Entwicklung Fahrpersonal

Aufgrund der Erweiterung des Haltestellennetzes und der Aufrüstung der Fahrzeugflotte, entstand auch ein zusätzlicher Personalbedarf. Darüber hinaus hat das Unternehmen mit der Herausforderung zu kämpfen, dass bis 2024 mindestens 60 Mitarbeiter in den Ruhestand gehen werden (vgl. Kultscher 2019). Genau aus diesem Grund ist es für Unternehmen heute wichtiger denn je, an die Mitarbeiter von morgen zu denken und rechtzeitig die Talente im eigenen Unternehmen zu identifizieren. Speziell an dieser Stelle ist ein gutes Talentmanagement und damit verbunden auch das Personalmanagement gefragt, um sich schließlich im „War for Talents“ behaupten zu können (vgl. Mager 2019).

Abbildung D2.4: Stellenausschreibung, 2019
Quelle: *Kultscher, 2019, S. 27*

Wie Abb. D2.4 zeigt, nutzt das Unternehmen verschiedene Kanäle, wie die eigene Webseite, Printmedien, Portale und Plattformen, um potenzielle Mitarbeiter anzusprechen (vgl. Kultscher 2019). Da die Menschen aus der Region eine zentrale Zielgruppe sind, konzentriert sich Regionalbus Leipzig auch auf die regionale Werbung. Zusätzlich wird auch die Auslandsakquise genutzt. Andreas Kultscher, Geschäftsführer des Regionalbus Leipzig: „So haben wir schon den einen oder anderen Kollegen aus EU-Ländern gewinnen können. Zum Teil sogar aus nicht EU-Ländern.“ (A. Kultscher, persönliches Interview, 16.12.2019).

Unternehmensintern wird eine Erweiterung des innerbetrieblichen Ausbildungsangebotes angestrebt. Mögliche Angebote könnten sich auf Lehrfahrerkonzepte, den Erwerb von Berufskraftfahrer-Qualifikationen, sowie die Weiterbildung zum Fahrlehrer für Dienstunterricht erstrecken (vgl. Kultscher 2019).

4.4 Das neue Angebot

Zu einem neuen, innovativen Verkehrsangebot gehören auch zusätzliche Dienstleistungen, die Qualität und Service weiter steigern. Fundamental war hier vor allem die Barrierefreiheit der Omnibusse. Barrierefreiheit in diesem Sinne meint, die Fahrzeuge erfüllen die Anforderungen an die Barrierefreiheit gemäß Leitfaden des MDV[1] (vgl. Kultscher 2019). Hier hatte der Regionalbus Leipzig großes Entwicklungspotenzial.

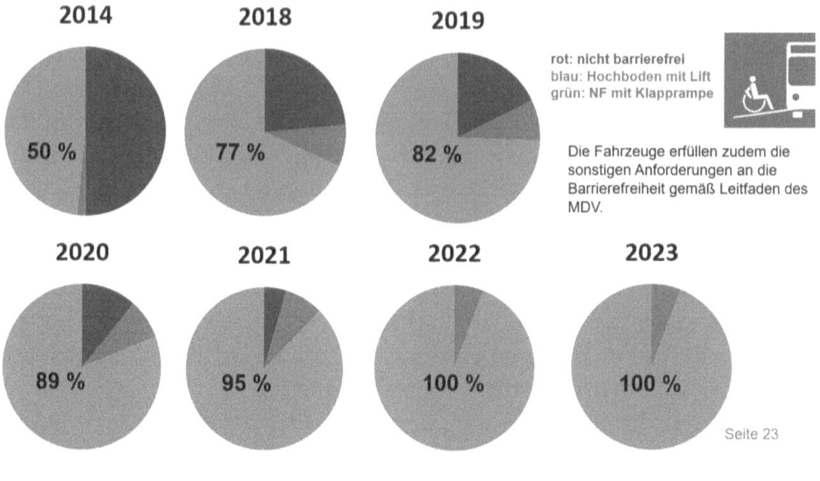

Abbildung D2.5: Barrierefreiheit der Busse
Quelle: *Kultscher, 2019, S. 23*

1 Mitteldeutscher Verkehrsbund

Schaut man auf Abb. D2.5, so fällt auf, noch 2014 waren rund 50 Prozent der Busse nicht barrierefrei. Dies bedeutete im Umkehrschluss eine große Einschränkung der Mobilität für Menschen, die auf einen Rollstuhl oder Ähnliches angewiesen sind. Über die Jahre verbesserte der Regionalbus Leipzig diese Situation. Nach heutigem Stand sind rund 82 Prozent der Busse durch eine „Klapprampe" barrierefrei. Bis 2023 geht man bei dem Unternehmen von einer kontinuierlich positiven Entwicklung aus, d.h., schon ab 2022 sollen 100 Prozent der Busse barrierefrei sein (vgl. Kultscher 2019).

Auch beim Thema Digitalisierung ist der Regionalbus Leipzig bestrebt auf dem aktuellen Stand zu bleiben. So wird den Fahrgästen die Möglichkeit angeboten, Fahrzeitinformationen in Echtzeit abzurufen. Dafür wird einerseits die Anzeige von Ist-Daten durch die Regio-DFI (Dynamische Fahrgastinformation) an den Haltestellen und andererseits die Anzeige von Anschlussinformationen auf den TFT (Thin Film Transitor) – Monitoren in den Fahrzeugen genutzt (vgl. Kultscher 2019). Die interaktive und digitale dynamische Fahrgastinformation ist nicht nur sehr praktisch für die Fahrgäste, da sie so immer Zugriff auf aktuelle Informationen haben, sondern dieses System ist in erster Linie papierlos und damit eine nachhaltige Alternative zu herkömmlichen Busfahrplänen an Haltestellen. Ein weiterer Schritt in Richtung Digitalisierung ist das kostenfreie verfügbare WLAN in den Bussen. Dieses Angebot ist schon seit Februar 2018 verfügbar. Für den Zugang zum kostenfreien WLAN benötigen die Fahrgäste kein Passwort. Dabei ist durch die gute Netzabdeckung im gesamten Bediengebiet eine hohe Zuverlässigkeit der Technik gegeben (vgl. Kultscher 2019). Mit dieser Zusatzleistung hat der Regionalbus Leipzig genau den Nerv der Zeit getroffen, weswegen das Kundenfeedback folglich sehr positiv ausgefallen ist. An dieser Stelle wird dem Fahrgast natürlich ein deutlicher Vorteil gegenüber dem Auto geboten. Andreas Kultscher, Geschäftsführer des Regionalbus Leipzig: „Der Fahrgast kann die Zeit, die er bei uns verbringt, sinnvoll nutzen. Wenn er das möchte, kann er im Internet surfen, seine E-Mails bearbeiten, kann irgendetwas recherchieren. Das ist schon mal ein Vorteil gegenüber dem Auto. Das kann er nämlich im Auto nicht machen, da muss er fahren." (A. Kultscher, persönliches Interview, 16.12.2019).

Auch das mediale Interesse war an dieser Stelle besonders hoch, denn mit den neu angebotenen Zusatzleistungen nimmt der Regionalbus Leipzig eine Vorreiterrolle ein (vgl. Kultscher 2019).

4.5 Qualitätsmanagement

Das Qualitätsmanagement bezeichnet die Qualitätsoptimierung von Dienstleistungen oder Produkten eines Unternehmens in allen Bereichen und Funktionen und umfasst hierbei die Planung, Überwachung und Steuerung des Qualitätsprozesses. Ziel ist es, Kunden zu gewinnen und dauerhaft an das Unternehmen zu binden. Maßnahmen des Qualitätsmanagements sind vorrangig organisatorischer Art, die die Prozessqualität verbessern sollen (vgl. Gruenderszene 2019).

Dem Unternehmen Regionalbus Leipzig geht es genau um diese strukturierte Erfassung, wie A. Kultscher erläutert: „Wir wollen uns natürlich nicht nur darauf verlassen, was nicht geklappt hat, sondern wir wollen die Dinge strukturiert erheben, die uns interessieren.“ (A. Kultscher, persönliches Interview, 16.12.2019). Weiter erläuterte Herr Kultscher, dass das Qualitätsmanagement durch einen Mitarbeiter aufgebaut wurde, der auch dafür zuständig ist, die Dinge im Alltag ganz gezielt zu überprüfen. Verschiedene Aspekte, über die man mehr Informationen erhalten möchte, werden vorher festgelegt (A. Kultscher, persönliches Interview, 16.12.2019).

Das Qualitätsmanagement wurde beim Regionalbus Leipzig erst Ende 2018 aufgebaut. Damit möchte das Unternehmen verschiedene Wirkungen erzielen. In erster Linie soll das Unternehmen bei der Erfüllung des öffentlichen Dienstleistungsauftrages unterstützt werden. Wie schon erwähnt, soll das Qualitätsmanagement bei der strukturierten Erfassung von Problemen hilfreich sein und zu einer gezielten Qualitätsentwicklung führen, wodurch z.B. die Reduzierung von Beschwerden erreicht wird. Aber auch die Förderung der Zusammenarbeit von Verwaltung, Technik und Fahrdienst steht im Mittelpunkt, sowie die Verbesserung von internen Prozessen. Schließlich soll auch der Servicegedanke im Fahrdienst gefördert werden. Die Umsetzung dieser Maßnahmen, wird folglich die Kundenzufriedenheit erhöhen, wodurch die Kundenbindung, sowie Kundengewinnung gestärkt wird (vgl. Kultscher 2019).

5. Herausforderungen

Das Projekt „Muldental in Fahrt“ brachte eine Reihe an Herausforderungen und Schwierigkeiten mit sich. Wie auch unzählige andere Unternehmen, trifft das Thema „Fachkräftemangel“ ebenso das Unternehmen Regionalbus Leipzig. Andreas Kultscher zu dieser Thematik: „Wir brauchen für jeden Bus einen Busfahrer. Aber das Personal gibt es im Moment nicht.“ (A. Kultscher, persönliches Interview, 16.12.2019). Für das Unternehmen, das derzeit über 350 Mitarbeiter verfügt, ist dieser Umstand ein reales Problem. Auch der Altersdurchschnitt liegt mit etwa 50 Jahren über dem deutschen Durchschnitt von 44 Jahren (vgl. Destatis 2018).

Grund dafür ist insbesondere, dass das Unternehmen jedes Jahr eine relativ hohe Anzahl an Mitarbeitern in den Ruhestand verabschiedet. Gleichzeitig hat der Regionalbus Leipzig aufgrund vergangener und zukünftiger Verkehrsprojekte stets Bedarf an Personal. Aufgrund von Themen wie der Fachkräftemangel und der Rückgang der Arbeitslosigkeit, stellte das Unternehmen in den vergangenen Jahren viele Mitarbeiter ein, die schon etwas älter und arbeitssuchend waren. Durch verschiedene Umschulungs- und Weiterbildungsmaßnahmen konnten diese zu Busfahrern qualifiziert werden. Die Problematik ist laut Andreas Kultscher klar: „Hier hat man früher vielleicht gesagt, mit 50 auf dem Arbeitsmarkt sieht es schlecht aus. Das ist die gute Seite. Und für uns ist dann das Problem, dass die eben jetzt nicht 30, 40 Jahre berufliches Leben vor sich haben, sondern 15 Jahre und dann schon wieder in Rente gehen." (A. Kultscher, persönliches Interview, 16.12.2019).

Neben dieser Thematik musste aber auch das Bestandspersonal aufgrund der Änderungen im Verkehrsmodell umdenken. Da sich der Verkehr früher im Wesentlichen auf den Schülerverkehr konzentrierte, hatten die Mitarbeiter des Regionalbus Leipzig an den Wochenenden oder auch in den Ferien weitgehend freie Arbeitstage. Mit dem neuen Verkehrsmodell hat sich diese Lage grundlegend geändert. Heute müssen die Mitarbeiter zu Zeiten arbeiten, wo sie früher frei hatten. Da das neue Verkehrsnetz vor allem auch auf den Anschlüssen zu S-Bahn oder anderen Bussen basiert, kommt dem Fahrpersonal hier eine große Aufgabe zu. Diese müssen möglichst pünktlich abfahren und somit möglichst pünktlich ankommen, sodass genau diese Anschlüsse gehalten werden können. Andreas Kultscher: „Damit hatten wir am Anfang ganz schön zu tun, dass sich unsere Fahrer da auch dranhalten und eben wirklich darauf achten, nicht zu früh zu kommen oder zu spät und dass der Anschluss dann funktioniert. Das neue Verkehrsmodell verlangt also in inhaltlicher und zeitlicher Hinsicht einiges vom Fahrpersonal. Das war schon eine gewisse Herausforderung das neue Denken auch in die Köpfe der Kollegen zu bringen, die hier schon lange nach dem alten Modell gearbeitet haben. Da müssen sie auch immer gut erklären, warum machen wir das alles; es hatte doch alles bisher funktioniert." (A. Kultscher, persönliches Interview, 16.12.2019)

6. Fazit

Als Regionalbus Leipzig im Jahr 2013 seinen Gremien den Vorschlag einer Weiterentwicklung des ÖPNV unterbreitete, hätte wohl niemand mit dieser schnellen und erfolgreichen Entwicklung gerechnet. Schaut man noch einmal auf die entscheidenden Faktoren, wie „Erreichbarkeit" und „Mobilität", so ist bis heute eine deutlich positive Entwicklung wahrzunehmen. Das Projekt steigert insbesondere durch eine Verdichtung des Haltestellennetzes sowie ein Angebot zu regelmäßigen Fahrzeiten, die Lebensqualität der Bürgerinnen und Bürger und trägt so vor allem zur wesentlichen Unterstützung älterer Menschen bei. Durch ein neues und innovatives Bedienungskonzept, erreicht der Regionalbus Leipzig auch hier eine signifikante Steigerung der Dienstleistungsqualität. Der Regionalbus Leipzig schafft es auf die Weise, den ÖPNV zu einer echten Mobilitätsalternative zu machen. Das Projekt „Muldental in Fahrt" zeichnet sich ebenso durch seinen Nachhaltigkeitsgedanken aus. Maßnahmen, wie beispielsweise nachhaltige Betriebsanlagen sowie eine nachhaltige Entwicklung des Fahrzeugparkes, tragen hier bedeutend zu einer nachhaltigen Unternehmensentwicklung bei. Das Unternehmen zeigt an verschiedenen Stellen, dass in der gesamten Diskussion um Klima und Klimaschutz, sowie die Erschließung des ländlichen Raums, der ÖPNV wichtige Antworten bietet.

Literatur

Daimler (2019): Mercedes-Benz, Citaro hybrid, Hybrid-Technologie. URL: https://www.mercedes-benz-bus.com/de_DE/models/citaro-hybrid/efficiency/hybrid-technology.html (Abgerufen 20.01.2020)

Destatis (2018): Destatis: Pressemitteilung Nr. 448 vom 19. November 2018. URL: https://www.destatis.de/DE/Presse/Pressemitteilungen/2018/11/PD18_448_122.html (Abgerufen: 30.01.2020)

DPA (2019): Handelsblatt: Der Online-Handel kannibalisiert die Einkaufsstraßen. URL: https://www.handelsblatt.com/unternehmen/handel-konsumgueter/einzelhandel-der-online-handel-kannibalisiert-die-einkaufsstrassen/24362008.html?ticket=ST-2398292-Jd4YBStVnH0rDgu1ucyh-ap1 (Abgerufen: 30.01.2020)

Enyklo (2019): Deutsche Enzyklopädie. Begriff. Symmetrieminute. URL: https://www.enzyklo.de/Begriff/Symmetrieminute (Abgerufen: 30.01.2020)

Gruenderszene (2019): Lexikon, Qualitätsmanagement. URL: https://www.gruenderszene.de/lexikon/begriffe/qualitaetsmanagement (Abgerufen: 30.01.2020)

Kultscher, A. (2019). Präsentation: Muldental in Fahrt – Modellprojekt im Landkreis Leipzig.

Kultscher, A. (2019). Projekt “Muldental in Fahrt”. (J. Knoll, Interviewer)

Mager, P. (2019): Softgarden.5 Bausteine für ein ganzheitliches Talentmanagement-Konzept. URL: https://www.softgarden.de/blog/talent-management-konzept/ (Abgerufen: 30.01.2020)

Mitteldeutscher Verkehrverbund (2019): MDV, Projekte, Muldental in Fahrt. URL:https://www.mdv.de/informationen/projekte/modellvorhaben-muldental-in-fahrt/ (Abgerufen: 30.01.2020)

Regionalbus Leipzig (2019). Regionalbus Leipzig, Muldental in Fahrt. URL: https://www.regionalbusleipzig.de/muldental-in-fahrt (Abgerufen: 30.01.20)

Wagner, T, (2018): Mobilität. Zu wenig Busse auf dem Land. URL: https://www.deutschlandfunk.de/mobilitaet-zu-wenig-busse-auf-dem-land.1769.de.html?dram:article_id=434269 (Abgerufen: 18.07.2020)

TEIL E Arbeitsrecht

Joachim Gruber

Mitarbeiterbindung durch nachvertragliche Wettbewerbsverbote

1. Einleitung

Ein zentraler Aspekt des nachhaltigen Personalmanagements wird von vielen Personalwirtschaftsfachleuten darin gesehen, dass ein Unternehmen seine Arbeitnehmer durch attraktive Löhne und großzügige Sozialleistungen[1] an sich bindet[2]. Dieser Ansicht könnte man die Aussage eines Personalchefs aus meinem Bekanntenkreis entgegensetzen, der – halb im Ernst, halb im Spaß – oft sagte, alle seine Arbeitnehmer seien überbezahlt, denn sonst hätten sie in einem anderen Unternehmen bereits eine besser vergütete Stelle angetreten. Insoweit besteht ein Spannungsverhältnis[3] zwischen dem wirtschaftlichen Gebot, die Produktionskosten möglichst gering zu halten, und dem personalwirtschaftlich erstrebenswerten Ziel einer langfristigen Mitarbeiterbindung, das in erster Linie durch attraktive Gehälter erreicht wird.

Im Folgenden soll ein besonderer Aspekt dieses Spannungsverhältnisses beleuchtet werden, nämlich das nachvertragliche Wettbewerbsverbot. Enthält der Arbeitsvertrag für die Zeit nach dem Ausscheiden des Arbeitnehmers aus dem Arbeitsverhältnis keine Regelungen, steht es dem Arbeitnehmer frei,

---

1 Zur Wirkung betrieblicher Anreizsysteme siehe allgemein Kossbiel/Spengler, Grundlagen der Personalplanung und Personalführung, in: Schweitzer/Baumeister (Hrsg.), Allgemeine Betriebswirtschaftslehre, 11. Aufl. 2015, S. 417 (450 ff.).

2 Siehe z.B. Walter, Personalwirtschaft, in: Härdler/Gonschorek (Hrsg.), Betriebswirtschaftslehre für Ingenieure, 6. Aufl. 2016, S. 100 (135). Dort wird in einer Übersicht (Tabelle 3.12) „Nachhaltige Personalentwicklung“ mit „Mitarbeiterbindung“ gleichgesetzt.

3 Diesen Umstand verkennen Oechsler/Mitlacher, Lohn- und Gehaltsmodelle, in: Häberle (Hrsg.), Das neue Lexikon der Betriebswirtschaftslehre, München 2008, S. 773, wenn sie schreiben: „Die Höhe des Entgelts hängt zum einen von den Anforderungen der Tätigkeit bzw. der Stelle ab, die unabhängig vom Stelleninhaber sind, und zum anderen von der persönlichen Leistung des Arbeitnehmers.“ Diese Aussage berücksichtigt nicht, dass Angebot und Nachfrage nicht nur die Höhe des Gehalts im Einzelfall, sondern zugleich grundsätzlich – über den Einfluss der Löhne auf den Preis des Endprodukts – auch die Höhe des unter wirtschaftlichen Gesichtspunkten noch vertretbaren maximalen Gehalts bestimmen.

unmittelbar nach Vertragsende bei einem Konkurrenten des bisherigen Arbeitgebers anzufangen. Will ein Arbeitgeber einen solchen Wechsel vermeiden, kann er in den Arbeitsvertrag ein nachvertragliches Wettbewerbsverbot aufnehmen.

2. Gesetzliche Regelungen zum nachvertraglichen Wettbewerbsverbot

Das nachvertragliche Wettbewerbsverbot ist in den §§ 74 bis 75d Handelsgesetzbuch (HGB) geregelt. Die Definition des Wettbewerbsverbots findet sich in § 74 Abs. 1 HGB. Dort heißt es: „Eine Vereinbarung zwischen dem Prinzipal und dem Handlungsgehilfen, die den Gehilfen für die Zeit nach Beendigung des Dienstverhältnisses in seiner gewerblichen Tätigkeit beschränkt (Wettbewerbsverbot), bedarf der Schriftform und der Aushändigung einer vom Prinzipal unterzeichneten, die vereinbarten Bestimmungen enthaltenden Urkunde an den Gehilfen."

Die Sprache dieser Norm mutet seltsam an. Das HGB datiert vom 10.5.1897 und trat gleichzeitig mit dem Bürgerlichen Gesetzbuch (BGB) am 1.1.1900 in Kraft. Während sonst Gesetze häufig geändert werden (man denke nur an die zahlreichen Änderungen der letzten Jahre, bei denen die geschlechtsneutrale Formulierung einer Norm im Vordergrund stand), gilt hier noch die Ursprungsfassung des Gesetzes. Dies macht den Text schwer verständlich, weil er veraltete Begriffe enthält. Das Gesetz spricht von Handlungsgehilfen, während im allgemeinen Sprachgebrauch auch schon früher meist von kaufmännischen Angestellten gesprochen wurde. Der Geltungsbereich der Norm erstreckt sich heute aber nicht nur auf die kaufmännischen Angestellten, sondern auf alle Arbeitnehmer (vgl. § 110 GewO). Noch größere Schwierigkeiten dürfte vielen Lesern des Gesetzestexts der Ausdruck „Prinzipal" bereiten; das ist ein veralteter Begriff für „Geschäftsherr". Gemeint ist damit der „Arbeitgeber".

Ein Wettbewerbsverbot kollidiert mit dem Grundrecht auf freie Berufsausübung (Art. 12 Abs. 1 GG). Daher hat der Gesetzgeber die sonst generell bestehende Vertragsfreiheit hier zu Gunsten des Arbeitnehmers eingeschränkt. Zum einen kann ein Wettbewerbsverbot nur bis zu einer maximalen Dauer von zwei Jahren ab Beendigung des Arbeitsverhältnisses vereinbart werden (§ 74a Abs. 1 S. 3 HGB). Zum anderen muss der Arbeitgeber seinem ehemaligen Arbeitnehmer für die Dauer des Wettbewerbsverbots eine Entschädigung bezahlen, die mindestens die Hälfte des zuletzt vom Arbeitnehmer bezogenen Gehalts erreichen muss (§ 74 Abs. 2 HGB)[4]. Für den Fall, dass der Arbeitnehmer

---

4 Dazu BAG, Urt. v. 22.3.2017 – 10 AZR 448/15, BAGE 158, 329 = NZA 2017, 845.

trotz des Wettbewerbsverbots wieder eine gut bezahlte Stelle findet, enthält § 74c HGB eine kompliziert formulierte Anrechnungsregel, nach welcher die Entschädigung ab einem gewissen Einkommen des Arbeitnehmers reduziert wird.

Bezüglich des Inhalts des Wettbewerbsverbots macht das Gesetz keine Vorgaben. Es wird lediglich gesagt, dass das Wettbewerbsverbot unverbindlich sei, wenn es nicht zum Schutz eines berechtigten geschäftlichen Interesses des Arbeitgebers dient (§ 74a Abs. 1 S. 1 HGB). In der Praxis wird das Wettbewerbsverbot daher auf Regionen und Branchen beschränkt. Das Gesetz sagt auch nichts über die Rechtsfolgen für den Fall, dass ein Arbeitnehmer gegen ein wirksames Wettbewerbsverbot verstößt. Wie bei jedem Verstoß gegen vertragliche Pflichten hat der Arbeitgeber hier einen Anspruch auf Schadensersatz; ein Schaden ist in der Regel aber kaum nachzuweisen oder der Nachweis des Schadens für den Arbeitgeber mit Unannehmlichkeiten verbunden (wenn nämlich zur Begründung der Schadenshöhe die Gewinnkalkulation im Hinblick auf bestimmte Kunden offengelegt werden muss). Um diese Probleme zu vermeiden, wird in der Praxis immer eine Vertragsstrafe vereinbart, die dann gezahlt werden muss, wenn der Arbeitnehmer gegen das Wettbewerbsverbot verstößt.

3. Fallbeispiel zur Veranschaulichung

Da die für das Wettbewerbsverbot einschlägigen Paragraphen nicht nur in einer altertümlichen Sprache verfasst sind, sondern zudem auch noch rechtstechnisch umständlich formuliert wurden, lässt sich ihr Regelungsgehalt nicht einfach erschließen. Die praktischen Konsequenzen eines nachvertraglichen Wettbewerbsverbots sollen deswegen anhand eines Fallbeispiels[5] veranschaulicht werden.

3.1 Sachverhalt

Verkäufer Viktor Vogel ist Autoverkäufer bei der Autohaus Altmeier GmbH in Leipzig und bekommt ein Bruttogehalt von 3.200 Euro monatlich. Aus persönlichen Gründen möchte er unbedingt den Arbeitgeber wechseln. In seinem mit ihm ausgehandelten Arbeitsvertrag steht jedoch:

---

5 Der Fall ist nachgebildet den Beispielen bei Gruber, Standardfälle Arbeitsrecht, 10. Aufl. 2018, S. 73–76 sowie Gruber, Handelsrecht – schnell erfasst, 6. Aufl. 2019, S. 55–57.

§ 5 Wettbewerbsverbot
(1) In einem Zeitraum von fünf Jahren nach Beendigung des Arbeitsverhältnisses bei der Autohaus Altmeier GmbH darf Herr Vogel keine Tätigkeit mit Kundenkontakt in einem Unternehmen in Sachsen aufnehmen, das mit Autos handelt.
(2) Für die Dauer dieses Wettbewerbsverbots erhält Herr Vogel im Rahmen der gesetzlichen Vorgaben eine Entschädigung von maximal 2.000 Euro monatlich.
(3) Bei einem Verstoß gegen das Wettbewerbsverbot muss Herr Vogel eine Vertragsstrafe von 15.000 Euro zahlen.

Herr Vogel steht vor der Alternative,

a) zu einem anderen Autohaus in Leipzig als Verkaufsleiter mit Kundenkontakt zu wechseln, welches ihm 4.000 Euro brutto monatlich bezahlen würde

oder

b) zu einem Modegeschäft in Hessen zu gehen, bei welchem er allerdings nur ein Gehalt von 1.900 Euro brutto monatlich bekäme und aus Leipzig wegziehen müsste.

Herr Vogel möchte wissen, ob die obige Klausel wirksam ist und welche Auswirkungen es jeweils in den ersten fünf Jahren hat, wenn er von der Möglichkeit a) bzw. der Möglichkeit b) Gebrauch macht. Herr Vogel weist darauf hin, dass er sich bereits vergeblich um einen Arbeitsplatz im Großraum Leipzig bemüht hat, der nicht unter das Wettbewerbsverbot fällt und der mit seiner bisherigen Position vergleichbar wäre.

3.2 Lösung

Das Wettbewerbsverbot könnte nach § 74a Abs. 1 Satz 3 HGB oder nach § 74 HGB unwirksam sein.

Nach § 74a Abs. 1 Satz 3 HGB kann ein Wettbewerbsverbot nicht auf einen Zeitraum von mehr als zwei Jahren von der Beendigung des Arbeitsverhältnisses an erstreckt werden. Hier wurde ein Zeitraum von fünf Jahren vereinbart. Dieser Umstand macht die Abrede jedoch nicht insgesamt unwirksam, sondern das Wettbewerbsverbot ist nur insoweit unwirksam, als es den Zeitraum von zwei Jahren übersteigt.

Das Schriftformerfordernis nach § 74 Abs. 1 HGB wurde eingehalten. Nach § 74 Abs. 2 HGB ist das Wettbewerbsverbot nur verbindlich, wenn sich der Arbeitgeber verpflichtet, für die Dauer des Verbots eine Entschädigung zu zahlen, die für jedes Jahr des Verbots mindestens die Hälfte der von dem Arbeitnehmer zuletzt bezogenen vertragsmäßigen Leistungen erreicht. Der Arbeitnehmer verdiente bislang 3.200 Euro; die Hälfte davon sind 1.600 Euro.

Da die vereinbarte Entschädigung 2.000 Euro beträgt, steht die Höhe der Entschädigung der Wirksamkeit des Wettbewerbsverbots nicht entgegen. Somit ist das Wettbewerbsverbot wirksam, allerdings nur für die Dauer von zwei Jahren.

a. Alternative a)

Verstößt Vogel gegen dieses Wettbewerbsverbot, muss er die Vertragsstrafe zahlen. Dass eine solche Klausel zulässig ist, ergibt sich aus § 110 GewO in Verbindung mit § 75c HGB. Die Vertragsstrafe kann hier auch nicht nach § 75c Abs. 1 Satz 2 HGB i.V.m. § 343 Abs. 1 Satz 1 BGB herabgesetzt werden. Zwar kann eine unverhältnismäßig hohe Strafe auf Antrag vom Gericht nach § 343 Abs. 1 Satz 1 BGB herabgesetzt werden. Bei der Frage, ob die Vertragsstrafe der Höhe nach angemessen ist oder nicht, ist zu berücksichtigen, dass eine Vertragsstrafe sowohl dem Aspekt der Wiedergutmachung als auch der Prävention dient. Bei einem Wettbewerbsverbot kann nur eine hohe Vertragsstrafe den Präventivzweck erfüllen. Da die Vertragsstrafe hier weniger als sechs Bruttomonatsgehälter beträgt, ist sie nicht unverhältnismäßig hoch.

b. Alternative b)

Da Vogel vertragstreu ist, muss er keine Vertragsstrafe zahlen. Ein Arbeitnehmer muss sich jedoch nach § 74c Abs. 1 Satz 1 HGB „auf die fällige Entschädigung anrechnen lassen, was er während des Zeitraums, für den die Entschädigung gezahlt wird, durch anderweitige Verwertung seiner Arbeitskraft erwirbt oder zu erwerben böswillig unterlässt, soweit die Entschädigung unter Hinzurechnung dieses Betrags den Betrag der zuletzt von ihm bezogenen vertragsmäßigen Leistungen um mehr als ein Zehntel übersteigen würde". Die Kappungsgrenze für die Entschädigung liegt also bei 110 % des bisherigen Gehalts, hier somit bei 3.520 Euro (110 % von 3.200 Euro). Wenn die Entschädigung plus das neue Gehalt diese Kappungsgrenze übersteigen würde, wird die Entschädigung entsprechend reduziert. Das ist vorliegend der Fall; die Entschädigung würde hier somit (3.520 Euro – 1.900 Euro =) 1.620 Euro betragen.

Ist der Arbeitnehmer durch das Wettbewerbsverbot gezwungen worden, seinen Wohnsitz zu verlegen, so tritt nach § 74c Abs. 1 Satz 2 HGB an die Stelle des Betrags von einem Zehntel der Betrag von einem Viertel, die Kappungsgrenze liegt also bei 125 % des bisherigen Einkommens. Vorliegend wäre dies eine Kappungsgrenze von 4.000 Euro. Danach bekäme Vogel in diesem Fall die volle Entschädigung von 2.000 Euro, da die Kappungsgrenze nicht erreicht wird (1.900 Euro + 2.000 Euro = 3.900 Euro). Dazu muss der Arbeitnehmer nachweisen, dass zum einen am bisherigen Wohnort eine entsprechende

Arbeitsstelle frei ist, die er aber aufgrund des Wettbewerbsverbots nicht annehmen darf. Diese Anspruchsvoraussetzung folgt unmittelbar aus dem Wortlaut des § 74c Abs. 1 Satz 2 HGB, der darauf abstellt, ob der Arbeitnehmer „durch das Wettbewerbsverbot" gezwungen ist, seinen Wohnsitz zu verlegen. Gibt es in der Region, in welcher der Arbeitnehmer bislang tätig ist, keine entsprechenden freien Stellen, lässt sich der Wohnsitzwechsel nicht auf das Wettbewerbsverbot zurückführen. Im vorliegenden Fall kann Vogel nachweisen, dass es am bisherigen Wohnort eine freie Stelle gibt (vgl. Alternative a), die er aber aufgrund des Wettbewerbsverbots nicht annehmen darf. Zum anderen muss der Arbeitnehmer darlegen, dass er am bisherigen Wohnsitz und in dessen Einzugsgebiet aufgrund des Wettbewerbsverbots keine sonstige Tätigkeit findet, die nach Art, Vergütung und Aufstiegschancen der bisherigen nahe kommt. Auch dies kann Vogel nachweisen. Somit sind beide Anspruchsvoraussetzungen bei Vogel erfüllt. Daher hat er Anspruch auf die volle Entschädigung.

4. Abschließende Bemerkung

Das Wettbewerbsverbot führt nur in einem begrenzten Rahmen zu einer erhöhten Mitarbeiterbindung. In denjenigen Fällen, in denen der Arbeitnehmer aus privaten oder beruflichen Gründen unbedingt das Unternehmen verlassen will, wird man ihn durch diese Vertragsklausel nicht von seinem Vorhaben abhalten können. Es ist auch keine kostengünstige Alternative zur „Mitarbeiterbindung durch gute Löhne", denn das Wettbewerbsverbot lässt sich nicht ohne finanzielle Belastungen für den Arbeitgeber durchsetzen, da der Arbeitnehmer, wenn er aus dem Unternehmen ausscheidet, in der Regel einen Anspruch auf Entschädigung hat.

Ein Wettbewerbsverbot ist aus Arbeitgebersicht dennoch zu empfehlen, wenn auch nicht für jedes Arbeitsverhältnis. Ein solches Verbot findet man in der Praxis nur in Verträgen mit Arbeitnehmern, die in der Forschung und Entwicklung tätig sind oder die Kundenkontakt haben. Bei diesen beiden Gruppen sollte der Arbeitgeber darauf bestehen, dass eine entsprechende Vertragsklausel in den Arbeitsvertrag aufgenommen wird. Dies ist der einzige Weg, um die Gefahr abzuwenden, dass Mitarbeiter bei Konkurrenzunternehmen anfangen und dort ihr beim bisherigen Arbeitgeber erworbenes Wissen über technische Prozesse und betriebswirtschaftliche Erwägungen einbringen können oder dass mit einem im Verkauf tätigen Mitarbeiter gleichzeitig auch einige Kunden zu einem Konkurrenzunternehmen wechseln.

Verzeichnis der Autorinnen und Autoren

Marlen Gabriele Arnold ist Professorin für „Betriebliche Umweltökonomie und Nachhaltigkeit" an der Fakultät Wirtschaftswissenschaften der TU Chemnitz.

Ihre Forschungsschwerpunkte sind strategisches Umwelt- und Nachhaltigkeitsmanagement, nachhaltigkeitsausgerichtete Wandel- und Innovationskonzepte sowie inter- und transdisziplinäre Nachhaltigkeitsforschung. Vor ihrer Tätigkeit an der TU Chemnitz war sie in Nachhaltigkeitsprojekten an der Universität Vaasa, der Hanken School of Economics, Vaasa in Finnland, der Technischen Universität München, dem Institut für ökologische Wirtschaftsforschung e.V., Berlin, und an der Universität Oldenburg tätig.

Vanessa Buschner ist am 28.09.1997 in Werdau geboren und wohnt derzeit in Crimmitschau, bei Zwickau. Nach beenden der Fachhochschulreife 2017 absolvierte sie eine Ausbildung zur Sozialassistentin und begann anschließend ein Studium an der Westsächsischen Hochschule Zwickau. Aktuell befindet sie sich im 5. Semester des Bachelorstudiengangs Management öffentlicher Aufgaben, welches voraussichtlich im August 2020 erfolgreich zum Abschluss kommen wird. Ihre berufliche Zukunft sieht Vanessa Buschner im Personalmanagement, da sie dort nach eigener Aussage, ihre persönlichen Stärken bestmöglich entfalten kann.

Monique Dorsch, geb. 1973, hat an der Westsächsischen Hochschule Zwickau, der Växjö University/Schweden und der Noordelijke Hogeschool Leeuwarden/ Niederlande Betriebswirtschaft studiert. Im Jahr 2009 promovierte sie am Internationalen Hochschulinstitut Zittau. Frau Dorsch verfügt über 14 Jahre Praxistätigkeit in der Organisationsberatung, davon sieben Jahre als Geschäftsführerin. In der Zeit von 1998 bis 2011 übernahm sie verschiedene Lehraufträge im In- und Ausland. Seit 2011 arbeite sie als Professorin für Verkehrsbetriebswirtschaftslehre an der Westsächsischen Hochschule Zwickau.

Steffen Fischer ist am 10.07.1978 geboren. In Leipzig und Moskau studierte er Drucktechnik. Parallel dazu überführte er im Transferbüro für Druck und Medien wissenschaftliche Erkenntnisse in die Praxis. Internationale Erfahrungen sammelte Steffen Fischer in Melbourne, Australien bei einem Print-Dienstleister im Wertpapierdruck sowie in der Media-Agentur TBWA in der Webprogrammierung für Konzernkunden. In Berlin arbeitete bei callas software im Produkt-Management, welches er später leitete. Während dieser Zeit war er mit verantwortlich für die Einführung des ISO-Standards PDF/A in einer der ersten Softwarelösungen weltweit. Als zertifizierter Certified Tester (CTFL) verantwortete er die Qualitätssicherung bei der Zusammenarbeit mit Adobe für die PDF-Prüftechnologie. 2011 trat er in das knapp 90-jährige Familienunternehmen ein und übernahm gemeinsam mit seinem Bruder nach 4 Monaten dessen Leitung. Aus dem klassischen Druckunternehmen entwickelten sie einen breit aufgestellten Print- und Digitaldienstleister, der gegen den Markttrend wuchs, heute 100 % klimaneutral produziert, einen Kanu-Weltmeister sponsert und beim Großen Preis des Mittelstandes ein hervorragendes Ergebnis einfahren konnte.

Prof. Dr. Joachim Gruber, Jahrgang 1961, Studium der Rechtswissenschaft in Berlin und in Münster, Referendardienst in Berlin und in Paris, Erstes und Zweites Staatsexamen. Studium an der Universität Paris I – Panthéon-Sorbonne, Abschluss D.E.A.; Promotion zum Dr. iur. in Münster. 1991 Rechtsanwalt in Paris, dann Tätigkeit in der Bundesfinanzverwaltung. Seit dem SS 2001 Professor für Wirtschaftsprivatrecht und Arbeitsrecht an der Westsächsischen Hochschule Zwickau. Vom WS 2011/12 bis zum WS 2012/13 außerdem Professor an der Universität Paris Nanterre, dort einer der beiden Direktoren des deutsch-französischen Jurastudiengangs der Universitäten Paris Nanterre und Potsdam.

Steve Grundig, Jahrgang 1989, hat an der TU Dresden erst Wirtschaftswissenschaften (BA) ab 2010 und später vertiefend Unternehmensethik und Wirtschaftsphilosophie (MA) ab 2014 studiert. Während seines Studiums war er zunächst circa drei Jahre als studentischer Berater bei PAUL Consultants e.V. (Dresden) tätig, um anschließend eine eigene Nachhaltigkeitsberatung – plant values – in Dresden mitzugründen.

Seit 2015 hat das Team von plant values bereits über 100 Projekte realisiert und ist heute in Dresden, Berlin, der Oberlausitz sowie deutschlandweit tätig. Zur Gruppe der Kund*innen gehören Grüne und Social Startups, etablierte Unternehmen, welche eine Transformation zum nachhaltigen Wirtschaften verfolgen sowie öffentliche Einrichtungen und Institutionen, die sich ganzheitlich nachhaltig organisieren wollen.

Methodisch kommen Workshop-Formate, Moderation, Analyseprozesse usw. und auch eigens (weiter)entwickelte Ansätze (z.B. Sustainable Design Thinking) bei der Arbeit mit den Projektpartner*innen zum Tragen. Daraus ergeben sich verschiedene Erfahrungen und Sichtweisen aus der Startup Szene, aus etablierten KMU und Großunternehmen sowie öffentlichen Einrichtungen, welche in Beratungsprojekten immer wieder kombiniert werden können.

plant values will mit seiner Tätigkeit stets als Treiber einer Transformation hin zum nachhaltigen Wirtschaften agieren. Die Beratungsprojekte zielen auf die strategische Ausrichtung der Organisationen bzw. auf die Entwicklung nachhaltiger Handlungspraktiken und Geschäftsmodellen im Unternehmen ab.

Kontakt:
Steve Grundig (MA Business Ethics und CSR-Management (IHI Zittau, TU Dresden)
plant values GbR, Bayrische Str. 8, 01069 Dresden, Tel: +49 170 19 22 404
Email: **S.grundig@plant-values.de**
LinkedIn: https://www.linkedin.com/in/steve-grundig-2558411a3
XING: https://www.xing.com/profile/Steve_Grundig

Dr. Uta Kirschten ist seit 2013 Professorin für Personalmanagement an der Westsächsischen Hochschule in Zwickau. Von 2007 bis 2013 war Frau Kirschten Professorin für Human Resources Management an der privaten AKAD Hochschule Leipzig. Ihre Forschungsschwerpunkte liegen in den Bereichen Arbeit 4.0, Nachhaltiges Personalmanagement, Innovation und Arbeit, Frauen in Führungspositionen, Change Management und Wissensmanagement. Seit 2007 leitet sie das Hallesche Institut für nachhaltiges Management (HANAMA) in Halle und verfügt über eine langjährige Berufspraxis in Forschung, Beratung und Lehre.

Kontakt:
Prof. Dr. rer, pol. Uta Kirschten
Professur ABWL, insb. Personalmanagement
Geschäftsführende Direktorin des Instituts für Betriebswirtschaft

Westsächsische Hochschule Zwickau
University of Applied Sciences
Fakultät Wirtschaftswissenschaften
Kornmarkt 1, 08056 Zwickau
Tel: 0375/536-3499
Email: Uta.Kirschten@fh-zwickau.de

Jessica Knoll ist am 20.01.1997 in Reichenbach i.V. geboren und seit Oktober 2018 Studentin an der Westsächsischen Hochschule in Zwickau. Aktuell befindet sie sich im 6. Semester des Bachelorstudiengangs Betriebswirtschaftslehre mit den Schwerpunkten Personalmanagement und Wirtschaftsinformatik, das voraussichtlich 2021 erfolgreich abgeschlossen wird. Seit Oktober 2019 ist Frau Knoll studentische Hilfskraft im Bereich HR, wo sie das Institut für Betriebswirtschaft durch inhaltliche und organisatorische Aufgaben unterstützt. Auch ihre Zukunft sieht sie vor allem im Personalmanagement. Seit August 2020 ist Frau Knoll als Werksstudentin bei der Fahrzeugentwicklung Sachsen im Bereich Personal und Gesundheit tätig.

Dr. René Schubert verfügt über eine mehr als zwanzigjährige Praxiserfahrung im Großbanken, Sparkassen- und Genossenschaftssektor in unterschiedlichen Funktionen.

2010–2012 war er zudem als "Senior Adviser" in einem vom Bundesministerium für wirtschaftliche Zusammenarbeit und Entwicklung geförderten Entwicklungshilfeprojekt für einen Mikrofinanzverband in Ghana/Westafrika tätig, was ihn auch zu seiner 2017 an der TU München abgeschlossenen Dissertation "Nachhaltigkeit und soziale Verantwortung im Bankensektor anhand der Länder Ghana, China, Argentinien und Deutschland" veranlasste.

Seit 2014 ist Herr Dr. Schubert als Lehrbeauftragter an der Westsächsischen Hochschule Zwickau in den Bereichen Finanzierung und Controlling engagiert; aktuell forscht er darüber hinaus u.a. zu Qualifikationsanforderungen mittelständischer Unternehmen an Bachelor- und Masterabsolventen.

Dipl.-Ing. (FH) Markus Will, Jahrgang 1979, hat Ökologie und Umweltschutz studiert und arbeitet nach Stationen an der Österreichischen Akademie der Wissenschaften (Institut für Technikfolgen-Abschätzung ITA), am Karlsruher Institut für Technologie (Institut für Technische Chemie – Zentralabteilung Anthropogene Stoffströme), am Lehrstuhl für Bauphysik der Universität Stuttgart und dem Beratungsunternehmen PE Europe (heute ThinkStep) wieder an der Hochschule Zittau/Görlitz. Dort ist er als Dozent in Bachelor- und Studiengängen tätig und wirkt in unterschiedlichen Forschungs- und Anwendungsprojekte mit.

Als ein Geschäftsführer des Instituts für Nachhaltigkeitsmanagement GmbH verantwortet er den Bereich Methodik zur Bilanzierung von Treibhausgasen und zum Energieverbauchscontrolling, die in der Firma in moderne Softwareanwendungen übersetzt werden. Darüber hinaus moderiert er gemeinsam mit Frau Prof. Brauweiler und Herrn Prof. Tino Schütte das Oberlausitzer Energienetzwerk mit 10 KMU. Als Trainer u.a. für interne Auditoren begleitet er produzierende Gewerbe im Bereich der Umwelt-, Qualitäts- und Energiemanagementsysteme.

Schwerpunkte in der Lehre: Life Cycle Assessment, Produktionsintegrierter Umweltschutz, Umwelt- und Energiemanagementsysteme, Auditierung von Unternehmen, Nachhaltigkeitsmanagement, Change Management, Risikomanagement

Forschungs- und Beratungsschwerpunkte: Analyse von Umweltauswirkungen von Produkten (Ökobilanzierung, Life Cycle Assessment, Carbon Footprint, Environmental Footprint), Technikfolgenabschätzung (momentan Technologien der Bioeconomy, Biomethan, Tiefseebergbau, klimafreundliche Technologien), Responsible Research and Innovation, Circular Economy, Erstellung von regionalen Treibhausgasbilanzen, Erstellung von Klimaschutz- und energetischen Quartierskonzepten, Nachhaltigkeitsmanagement in Organisationen, Bildung für Nachhaltige Entwicklung

Aktuelle Publikationen: https://www.researchgate.net/profile/Markus_Will

Kontakt:
Dipl.-Ing. (FH) Markus Will
Mitarbeiter Studiengang „Ökologie und Umweltschutz“ Hochschule Zittau/Görlitz, Fakultät Natur- und Umweltwissenschaften
Hochschule Zittau/Görlitz, Theodor-Körner Allee 16, 02763 Zittau
Tel: +49 (0) 3583-612 4759
E-Mail: m.will(at)hszg.de

Abbildungsverzeichnis

Vanessa Buschner, Steffen Fischer, Uta Kirschten
Nachhaltige Druckstrategien bei FISCHER druck&medien in Großpösna

René Schubert
Nachhaltiges Handeln im Finanzsektor

FSC
www.fsc.org
MIX
Papier | Fördert
gute Waldnutzung
FSC® C083411

Kolibri 360 GmbH
Ferdinand-Jühlke-Straße 7
99095 Erfurt, Deutschland
produktsicherheit@kolibri360.de